U0289697

网络专业校企合作开发项目式教学系列教材

Linux 服务器
配置与管理实训教程

主　编　刘学普

副主编　吴贺僧

参　编　孙景祥　邵　斌　王书明
　　　　韩国峰　吴敬凯

电子工业出版社.

Publishing House of Electronics Industry

北京·BEIJING

内 容 简 介

本书基于"项目导向、任务驱动"的项目化教学方式编写而成,体现"基于工作过程","教、学、做"一体化的教学理念。

本书以 Red Hat Enterprise Linux 6.4 为平台,对 Linux 网络操作系统的应用进行了详细讲解。内容划分为 12 个教学项目,具体内容包括:安装 Red Hat Enterprise Linux 6.4、使用 Linux 常用命令、管理 Linux 用户和组、管理 Linux 文件系统、管理 Linux 磁盘、配置 Linux 基础网络、使用 vi 编辑器、配置与管理 Samba 服务器、配置与管理 DHCP 服务器、配置与管理 DNS 服务器、配置与管理 Apache 服务器、配置与管理 FTP 服务器。每个项目案例按照"项目提出"、"项目分析"、"项目实施"三部曲展开。读者能够通过项目案例完成相关知识的学习和技能的训练,每个项目案例来自企业工程实践,具有典型性、实用性、趣味性和可操作性。

本书既可以作为高职院校计算机应用专业和网络技术专业理论与实践一体化教材使用,也可供相关领域的工程技术人员学习、参考。

图书在版编目 (CIP) 数据

Linux 服务器配置与管理实训教程/刘学普主编. —北京:电子工业出版社,2014.7

网络专业校企合作开发项目式教学系列教材

ISBN 978-7-121-23028-8

I. ①L… II. ①刘… III. ①Linux 操作系统-高等学校-教材 IV. ①TP316.89

中国版本图书馆 CIP 数据核字(2014)第 080402 号

策划编辑:王羽佳

责任编辑:郝黎明

印　　刷:北京虎彩文化传播有限公司

装　　订:北京虎彩文化传播有限公司

出版发行:电子工业出版社

　　　　　北京市海淀区万寿路 173 信箱　　邮编:100036

开　　本:787×1092　1/16　印张:8.75　字数:224 千字

版　　次:2014 年 7 月第 1 版

印　　次:2022 年 7 月第 10 次印刷

定　　价:30.00 元

凡所购买电子工业出版社图书有缺损问题,请向购买书店调换。若书店售缺,请与本社发行部联系,联系及邮购电话:(010)88254888。

质量投诉请发邮件至 zlts@phei.com.cn,盗版侵权举报请发邮件至 dbqq@phei.com.cn。

服务热线:(010)88258888。

前　　言

Linux由于其性能稳定、源代码开放及价格方面的优势而逐渐被广大用户接受。目前许多大型公司都在使用 Red Hat Enterprise Linux（简称 RHEL）构建开源应用平台。

Red Hat 是成功的 Linux 发行版本之一，在过去的十几年来，它的软件开发工作一直建立在一种完全开放的源代码基础之上，正是由于它采取了完全开放源代码的软件开发模式，使得 Red Hat 在 Linux 服务器的应用中的占有率超过了 70%。

该教材有如下特色。

（1）体现"项目导向、任务驱动"的教学特点。从实际应用出发，从工作过程出发，从项目出发，采用"项目导向、任务驱动"的方式，通过"项目提出"、"项目分析"、"项目实施"三部曲展开教学。在教学设计上，以工作过程为参照系来组织和讲解知识，培养学生的职业技能和职业素养。

（2）体现"教、学、做"一体化的教学理念。以学到实际技能、提高职业能力为出发点，以"做"为中心，教和学都围绕着做，在学中做，在做中学，从而完成知识学习、技能训练和提高职业素养的目标。

（3）本书体例采用项目案例形式。全书设有 12 个项目案例，教学内容安排由易到难、由简单到复杂，循序渐进。学生能够通过项目学习，完成相关知识的学习和技能的训练。

（4）项目案例的内容体现典型性、实用性、趣味性和可操作性。本书力求体现教材的典型性、实用性、趣味性和可操作性。根据职业教育的特点，针对中小型网络实际应用，编写 Linux 网络操作系统课程的实用型教材。减少枯燥难懂的理论，重点对网络服务的搭建、配置与管理进行全面细致的讲解，理论联系实际多一些，突出工程实践案例的实训。

（5）符合高职学生认知规律，有助于实现有效教学。本书打破传统的学科体系结构，将各知识点与操作技能恰当地融入各个项目中，突出现代职业教育的职业性和实践性，强化实践，培养学生实践动手能力，适应高职学生的学习特点，在教学过程中注意情感交流，因材施教，调动学生的学习积极性，提高教学效果。

本书是廊坊职业技术学院教师与企业工程师共同策划编写的一本工学结合教材。本书项目 1、2、5、8、10、11 由刘学普编写，项目 7 由吴贺僧编写，项目 3 由孙景祥编写，项目 6 由邵斌编写，项目 12 由王书明编写，项目 9 由韩国锋编写，项目 4 由吴敬凯编写。电子工业出版社的王羽佳编辑为本书的出版做了大量工作。在此一并表示感谢！

本书的编写参考了大量近年来出版的相关技术资料，吸取了许多专家和同仁的宝贵经验，在此向他们深表谢意。

由于计算机网络技术发展迅速，作者学识有限，书中误漏之处难免，望广大读者批评指正。

作　者

2014 年 7 月

目　　录

项目 1　安装 Red Hat Enterprise Linux 6.4

1.1　项目提出

由于公司网络部分 Windows 服务器频繁遭受病毒、木马的威胁，而 Linux 系统具有更强的稳定性和安全性，公司决定安装 Red Hat Enterprise Linux，并在该系统上搭建各种服务器。

1.2　项目分析

1．项目实训目的

（1）掌握 Red Hat Enterprise Linux 6.4 操作系统的安装；
（2）掌握用虚拟机安装 Linux 的方法；
（3）掌握与 Linux 相关的多操作系统的安装方法；
（4）掌握对 Linux 操作系统的基本系统设置。

2．项目实现功能

（1）练习使用 VMware 虚拟机安装 Linux；
（2）硬盘分区；
（3）安装启动管理程序；
（4）设置网络环境；
（5）创建启动盘，设置 X Windows 及启动 Linux。

3．项目方案

Linux 的安全性和稳定性是一个比较明显的特性。Linux 是多任务、多用户操作系统，可以支持多个用户同时使用系统的处理器、内存、磁盘和外设等资源。Linux 的保护机制使每个用户、每个应用程序可以独立地工作。一个用户的某个任务崩溃了，其他用户的任务依然可以正常运行。为了给网络多用户环境中的用户提供必要的安全保障，Linux 采取了多种安全技术措施，包括对读、写进行权限控制，带保护的子系统，审计跟踪，核心授权等。由于 Linux 本身的设计就对病毒攻击提供了非常好的防御机制，因此 Linux 系统基本上不用安装防毒杀毒软件。

Linux 内核具有极强的稳定性，除非硬件出问题，系统出现死机的概率是很小的，可以长年累月地运行，因此 Linux 被广泛应用在网关和防火墙。

4．项目主要应用的技术介绍

1）明确当前系统的硬件信息

尽管 Linux 的安装程序会自动识别并驱动硬件设备，但还是会有例外，特别是当你所采用的硬件设备比较陈旧或比较新时，都会导致安装程序无法识别的问题出现。所以在安装系统之前应该对当前计算机的硬件设备有个大概的了解。具体包括以下设备信息：

（1）CPU 信息：当前主机所使用的 CPU 的架构与型号。Linux 操作系统支持多种架构的 CPU（如 Alpha、SPARC、PowerPC、和 Xeon），但常用的是 Intel 公司和 AMD 公司的基于 X86 架构的 CPU。

（2）内存信息：主要是内存容量信息。

（3）硬盘信息：包括硬盘的容量信息、硬盘驱动器的接口信息（IDE 接口、SATA 接口还是 SCSI 接口）、硬盘的现有分区信息以及硬盘数量信息。

（4）CD-ROM/DVD-ROM 信息：主要是设备的接口信息（IDE 接口、SATA 接口还是 SCSI 接口）。

（5）鼠标和键盘的信息：包括鼠标和键盘的接口信息以及键盘的布局信息。

（6）网络接口卡的信息：包括网卡的型号和速率，并规划好网卡的 IP 地址和网关等相关配置。若无法确定，可暂时使用网络中的 DHCP 服务器自动分配的地址信息。

（7）显卡的信息：包括显卡的型号和显存的容量信息。

2）Linux 中的存储设备编号

Linux 的安装实际上是将 Linux 操作系统安装到硬盘中的过程，在 Linux 操作系统中对硬盘的表示方法和对硬盘分区的表示方法是有其特殊规定的，下面首先介绍设备的表示法，以明确安装位置这一重要信息。

在 Linux 操作系统中，所有的硬件设备都是以文件的形式存在的，即实际的硬件设备在系统中表现为一个文件，管理员对设备的指定与控制也是通过文件实现的。这一点很重要，使得管理员通过对文件这种直观的对象操作就可以实际控制设备了，设备文件实际上为管理员提供了一种控制实际物理设备的方法。在 Linux 系统中，设备文件均存放在/dev 目录下。下面重点介绍几个常用的硬件设备文件。

（1）IDE 接口设备的表示方法。

在 PC 中，硬盘的接口通常有 3 种：IDE 接口、SCSI 接口和 SATA 接口。Linux 操作系统中对于 IDE 接口设备采用/dev/hdx 这种方法来表示（/dev 表示/dev 目录；hd 表示 hard disk 的缩写，表示 IDE 接口硬盘；x 是硬盘的序号，表示第几块 IDE 硬盘）。IDE1 接口上的主设备用 hda 表示，IDE1 接口上的从设备用 hdb 表示，IDE2 接口上的主设备用 hdc 表示，IDE1 接口上的从设备用 hdd 表示。

需要注意的是 IDE 接口的设备包括硬盘和光驱两种。光驱也为 IDE 接口，也采用 hdx 来表示。在实际的工作环境中，除 IDE 接口的设备之外，SCSI 接口的设备也十分常见，特别是在服务器设备中采用得非常多。

（2）SCSI 接口设备的表示方法。

在计算机中，SCSI 接口的设备是通过 SCSI 接口连接的。在 Linux 操作系统中对 SCSI

接口设备采用/dev/sdx 这种方法表示（dev 表示/dev 目录；sd 是 SCSI hard disk 的缩写，表示 SCSI 接口硬盘；x 是硬盘的序号，表示第几块 SCSI 硬盘），SCSI 接口的设备包括硬盘和光驱两种。第一块 SCSI 硬盘用 sda 表示，第二块 SCSI 硬盘用 sdb 表示，以此类推。

（3）USB 接口设备的表示方法

USB 接口设备在 Linux 中被当做 SCSI 接口设备来表示，即也采用/dev/sdx 这种文件表示方式。

3）Linux 中硬盘分区的表示方法

分区是硬盘必要的一种逻辑结构，定义了数据存储的范围。硬盘不能直接用于存储数据，必须对硬盘进行分区后，将数据存储在分区中。不论是 IDE 接口的硬盘还是 SCSI 接口的硬盘。一块硬盘中最大支持 4 个主分区。一块硬盘中仅支持 1 个扩展分区，且扩展分区要占用 1 个主分区的位置。逻辑分区的数量在理论上不受限制，但在具体的操作系统实现中被规定了数量的上限。分区方式均可以概括为以下 4 种（如图 1-1 所示）：

（1）4 个主分区；

（2）3 个主分区+1 个扩展分区；

（3）2 个主分区+1 个扩展分区；

（4）1 个主分区+1 个扩展分区。

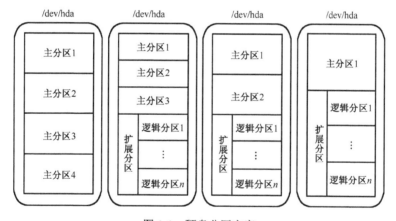

图 1-1　硬盘分区方案

下面解释硬盘如此进行分区的原因。

对于一块硬盘而言，其 0 磁道 0 柱面 1 扇区为引导扇区，称为 MBR（Master Boot Recorder，主引导记录）。MBR 对系统而言是非常重要的，因为它包含了两个重要的信息：

（1）操作系统引导程序；

（2）磁盘分区表（DPT，Disk Partition Table）。

在此只讨论磁盘分区表的问题。引导扇区的容量为 512B，磁盘分区表占用 64B，用于记录磁盘中每个分区的位置。但是，每个分区位置的记录需要占用 16B，这就导致了在磁盘分区表中最大只能记录 4 个分区位置的问题，如图 1-2 所示。

我们将记录在分区表中的分区称为主分区，可见一块硬盘最大可以容纳 4 个主分区。当需要使用超过 4 个以上的分区结构时就需要对分区表进行扩充。那么该如何扩充呢？

如图 1-3 所示,可以拿出分区表中一个记录磁盘分区位置的 16B 空间来记录一个位置,该位置实际上是"扩展分区记录"文件,该文件清楚地记录了主分区以外的其他所有分区在磁盘中的位置。我们将记录"扩展分区记录"的那个磁盘分区的位置称为扩展分区,一个硬盘中只能有一个扩展分区存在。

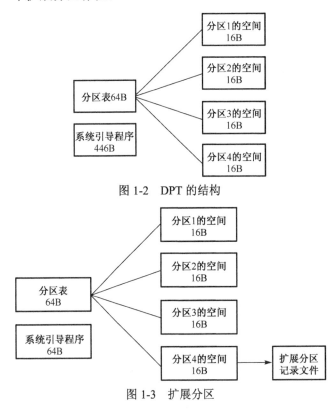

图 1-2   DPT 的结构

图 1-3   扩展分区

记录在"扩展分区记录"文件中的分区称为逻辑分区。逻辑分区的数量在理论上是不受限制的,但是在实际的系统实现中,设备驱动程序会限制逻辑分区的数目。IDE 接口的硬盘不能多于 63 个逻辑分区,SCSI 接口的硬盘不能多于 15 个逻辑分区。这样一来就可以突破 4 个分区的限制了。

在 Linux 中使用"硬盘号+分区编号"的方法来表示(如图 1-4 和图 1-5 所示)。在 /dev/hda1 这种表示方法中:/dev/hda 是硬盘编号(硬盘设备文件);1 是分区的编号(第 1 个分区)。不论是 IDE 接口设备还是 SCSI 接口设备均采用这种编号方式。同理,/dev/hda2 表示的是/dev/hda 这块硬盘中的第 2 个分区,依此类推。注意:分区编号 1~4 留给主分区和扩展分区,逻辑分区的编号从 5 开始。

4)硬盘分区方案(20GB 硬盘)

对 Linux 主机而言,并不建议将所有的目录统一放置在一个分区中,其原因可以从两个方面来说明。

(1)安全性考虑。将所有目录放置在一个分区中,当分区或系统被破坏时,将导致所有目录下的数据被连带地破坏。所以,应尽量将数据目录与系统功能性目录分别放置在不同的分区。

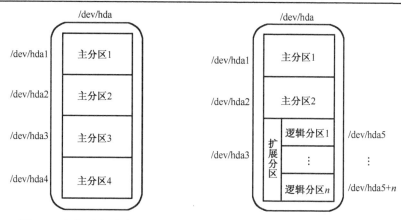

图 1-4 主分区表示法 图 1-5 扩展分区和逻辑分区表示法

（2）便利性。如果需要升级系统时，仅需要将相关的目录数据更新即可，由于目录存放在不同的分区中，这时可以很方便地通过对相关分区的卸载，将不相干数据进行分离。

Linux 的分区方案需要依据各自系统的需要而定，系统中可以独立存在于一个分区中的目录如下：

① /（该分区中必须要包含/etc、/sbin、/bin、/dev 和/lib 这几个基本目录）；

② /home；

③ /boot；

④ /var；

⑤ /usr；

⑥ /tmp。

具体分区方案如下：

（1）swap 分区大小为 2GB；

（2）/boot 分区大小为 100MB；

（3）/分区大小为 2GB 以上；

（4）/usr 分区大小为 5GB；

（5）/home 分区大小为 8GB 以上；

（6）/var 分区大小为 1GB。

5）设置防火墙和 Selinux

如果想使一台计算机作为 FTP、HTTP、Samba 等服务器，就必须在设置防火墙的可信任服务时选择它。对于 FTP、HTTP、Samba 等网络服务还需要设置 SELinux 为允许或禁用模式。

1.3 项目实施

1. 项目实训环境准备

（1）硬件环境

较高配置的计算机。

（2）软件环境

VMware 虚拟机、RHEL 6.4 安装光盘。

2．项目主要实训步骤

1）安装与配置 Red Hat Enterprise Linux 6.4

在安装前介绍一下虚拟机软件 VMware Workstation。启动 VMware 软件，在 VMware Workstation 主窗口中单击"New Virtual Machine"，打开新建虚拟机向导，单击"下一步"按钮，出现如图 1-6 所示对话框。从 VMware 6.5 开始，在建立虚拟机时有一项 Easy Install，类似 Windows 的无人值守安装，如果不希望执行 Easy Install，请选择第 3 项"I Will install operating system later."单选按钮，先创建虚拟机，再进行 Red Hat Enterprise Linux 6 的安装。

图 1-6　创建虚拟机

（1）设置启动顺序。

一般情况下，计算机的硬盘是启动计算机的第一选择，在 BIOS 设置界面中将系统启动顺序中的第一启动设备设置为 CD-ROM 选项，保存设置并退出 BIOS。

（2）将 RHEL 6.4 的安装 ISO 文件放入虚拟机光驱（选择"Use ISO image file"），如图 1-7 所示，或者将安装光盘放入物理光驱（选择"Use physical drive"），并启动计算机。计算机启动后会出现启动界面，如图 1-8 所示。

（3）安装程序首先会对硬件进行检测，然后提示用户是否要检测安装光盘，这可以防止出现由于安装光盘质量不好导致安装出错的问题。如果需要检测安装光盘，可以选择"OK"按钮。这里选择"Skip"'按扭跳过检测安装光盘，如图 1-9 所示。

图 1-7　选择镜像文件

图 1-8　启动计算机

图 1-9　检测安装光盘

（4）进入安装语言的选择界面，在此可以选择安装过程中使用的语言，这里选择"中文（简体）"，单击"Next"按钮，如图 1-10 所示。

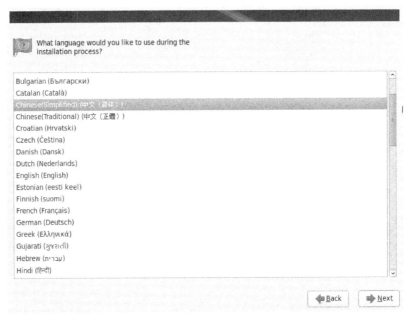

图 1-10　安装过程中使用的语言

（5）进入"请为您的系统选择适当的键盘"界面，安装程序会自动为用户选取一个通用的键盘类型（美国英语式）如图 1-11 所示，在此只需使用默认值即可，单击"下一步"按钮。

图 1-11　键盘类型

（6）进入存储设备选择界面，如图 1-12 所示，选择"基本存储设备"单选按钮。"指定的存储设备"表示网络存储设备，如 SAN。单击"下一步"按钮弹出如图 1-13 所示窗口，可见系统检测到虚拟机的磁盘，提示该磁盘是否存储有价值数据，选择"是，忽略所有数据"。

图 1-12　存储设备选择

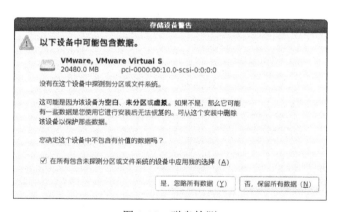

图 1-13　磁盘检测

（7）配置主机名和 TCP/IP 信息，如图 1-14 所示。主机名默认为"localhost.localdomain"。在网络配置界面中，安装程序提供通过 DHCP 自动配置和手动设置两种配置网络的方法。对于服务器而言，IP 地址通常是固定的，所以应该使用手动设置。单击"配置网络"，弹出"网络连接"对话框，如图 1-15 所示，选择"System eth0"，单击"编辑"按钮，弹出如图 1-16 所示对话框，设置 TCP/IP 信息，包括 IP 地址/掩码、网关、DNS 信息。同时，选中"自动连接"复选框。

图 1-14　磁盘检测

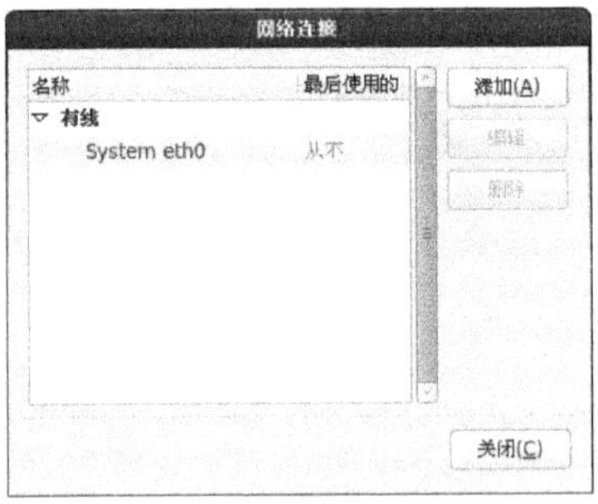

图 1-15　网络连接

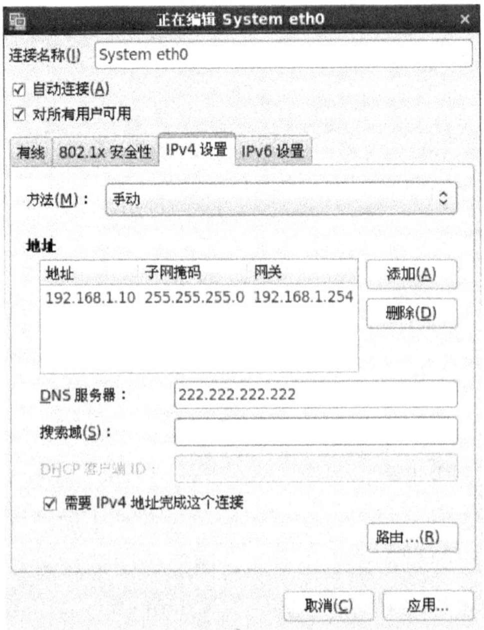

图 1-16　编辑接口 eth0

配置完毕后单击"下一步"按钮。

（8）设置时区。选择"亚洲/上海"，如图 1-17 所示，单击"下一步"继续安装。

图 1-17 设置时区

（9）设置根账号密码，如图 1-18 所示，单击"下一步"按钮继续。

图 1-18 设置根账号密码

（10）磁盘分区设置。磁盘分区方案有 5 种。"使用所有空间"，将删除包含其他操作系统创建的分区。"替换现有 Linux 系统"将只删除 Linux 系统，不会删除其他操作系统创建的分区，适合与 Windows 操作系统共存的情况。"缩小现有系统"将为默认布局生成剩余空间。"使用剩余空间"则只使用所选磁盘上的未分配的空间。"创建自定义布局"将通过手动方式创建分区。

选择"创建自定义布局"如图 1-19 所示，单击"下一步"按钮继续，如图 1-20 所示。

图 1-19　选择磁盘分区方式

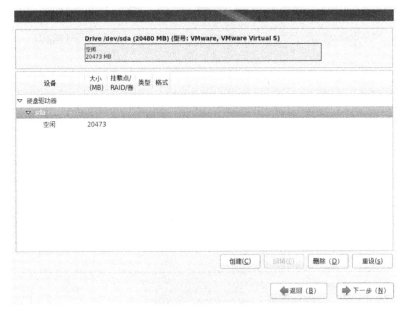

图 1-20　磁盘分区

安装 Linux 与安装 Windows 在磁盘分区方面的要求有所不同。安装 Windows 时磁盘中可以只有一个分区（C 盘），而安装 Linux 时必须至少有两个分区：交换分区（又称 swap 分区）和/分区（又称根分区），最简单的分区方案如下。

- 交换分区：用于实现虚拟内存，也就是说，当系统没有足够的内存来存储正在被处理的数据时，可将部分暂时不用的数据写入交换分区。一般情况下，交换分区的大小是物理内存的 1~2 倍，其文件系统类型一定是 swap。
- /分区：用于存放包括系统程序和用户数据在内的所有数据，其文件系统类型通常是 ext4 或者是 ext3，但 ext4 优于 ext3，建议使用 ext4。

当然也可以为 Linux 多划分几个分区，那么系统就将根据数据的特性，把相关的数据保留到指定的分区中，而其他剩余的数据就保留在/分区。Red Hat 推荐的分区方案为 Linux 划分的 5 个分区，它们分别如下。

- 交换分区。
- /boot 分区：约 100MB，用于存放 Linux 内核，以及在启动过程中使用的文件，建议设置为 100MB。
- /var 分区：专门用于保存管理性和记录性数据，以及临时文件等，建议设置为 1GB。
- /分区：保存其他的所有数据，建议设置为 2GB。
- /home 分区：存放普通用户数据，是普通用户的宿主目录，建议设置为 8GB 以上。
- /usr 分区：存放 Linux 系统中的应用程序，建议设置为 5GB。

在此以创建 swap 和/分区为例说明创建 Linux 的磁盘分区方法。分区创建的先后顺序不影响分区的结果，用户既可以先新建 swap 分区，也可以先新建/分区。

新建 swap 分区，选中"空闲"所在行，单击"新建"按钮，出现如图 1-21 所示对话框，选择分区类型，由于系统只有一块磁盘，选择"标准分区"，单击"创建"按钮。

在图 1-22 所示的对话框中进行如下操作。

① 单击"文件系统类型"下拉列表，选中"swap"，那么"挂载点"下拉列表的内容会显示为灰色的（不适用），即交换分区不需要挂载点。

② 在"大小"文本框输入表示交换分区大小的数字。

图 1-21　添加交换分区

图 1-22　添加交换分区

③ 单击"确定"按钮，结束对交换分区的设置。磁盘分区信息部分多出一行交换分区的相关信息，而空闲磁盘空间的大小将减少。

新建根分区，再次选中"空闲"所在行，单击"新建"按钮，出现如图 1-23 所示对话框。

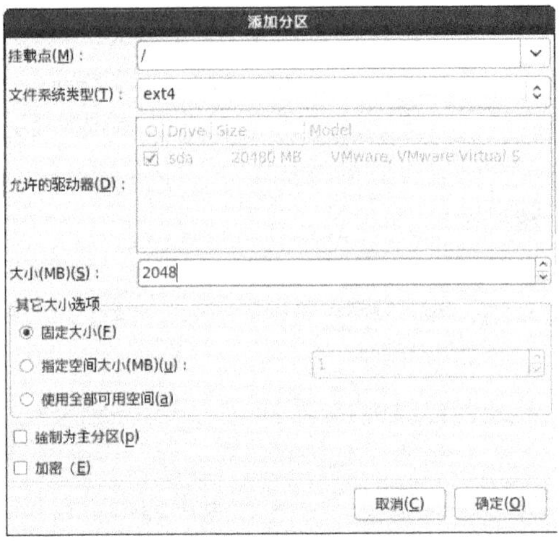

图 1-23　添加根分区

在图 1-23 所示的对话框中进行如下操作。

① 单击"挂载点"下拉列表，选中"/"，即新建根分区。

② 单击"文件系统类型"下拉列表，选中"ext4"，根分区用 ext4 文件系统类型。

③ 在"大小"文本框中输入"2048"。

④ 单击"确定"按钮，结束对根分区的设置。

注意：/boot 分区要强制为主分区。

出现如图 1-24 所示界面，显示新建 Linux 分区后的磁盘分区情况。当前是一块 SCSI 接口的硬盘，该硬盘是/dev/sda。在该硬盘上划分了 6 个分区，/dev/sda1 为根分区/boot 分区，/dev/sda2 为/user 分区，/dev/sda3 为/分区，/dev/sda5 为 swap 分区，/dev/sda6 为/var 分区，/dev/sda7 为/home 分区。

图 1-24　新建 Linux 分区后的磁盘分区情况

单击"下一步"按钮继续进行安装。

单击"下一步"按钮，进行格式化。至此磁盘分区工作全部完成。

（11）设置引导装载程序的安装位置，默认安装在/dev/sda 的 MBR 上。

引导装载程序的设置对于引导已安装的操作系统正常启动是至关重要的，对于 Linux 而言，常见的有两种引导装载程序可供选择：LILO 和 GRUB。在 RHEL 6.4 中默认仅提供 GRUB 引导装载程序供用户使用。

如图 1-25 所示，选择 GRUB 引导装载程序将会被安装到/dev/sda 上，这样 GRUB 就可以引导 Linux 启动。选择"默认"，单击"下一步"按钮即可。

图 1-25　引导装载程序配置界面

（12）进入选择软件组界面，注意：默认是"基本服务器"，在字符界面安装时默认安装的就是这软件组，但是它没有图形界面和网络管理，因此，你要选择下面的"现在自定义"单选按钮，单击"下一步"按钮，如图 1-26 所示。

图 1-26　选择软件组

单击"下一步"按钮，具体设置如图 1-27 所示。

图 1-27　选择软件组

开始安装软件包，如图 1-28 所示。

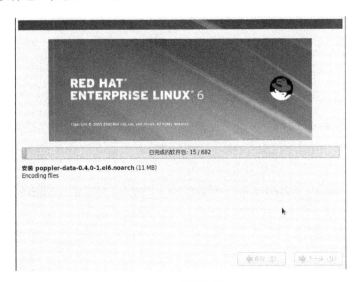

图 1-28　安装软件包

一段时间以后软件包安装完成，单击"重新引导"按钮，如图 1-29 所示。

2）首次启动 Red Hat Enterprise Linux 6.4 的设置

具体的设置步骤如下。

（1）首次启动 Red Hat Enterprise Linux 6.4 后，进入欢迎界面，单击"前进"按钮继续。

（2）进入"许可证信息"界面，选择"是，我同意该许可证协议"，单击"前进"按钮继续。

图 1-29　重新引导

（3）在进入"设置软件更新"设置界面后，选择"不，我将在以后注册。"，单击"前进"按钮继续。

（4）Linux 是多用户（Multi-User）的作业系统，为方便管理每个用户的档案及资源，每个用户都有自己的账户及密码。其中 root 是整个系统中最高权力的账户，因为 root 的权力实在太大，为免无意中损害系统，一般会用另一账户处理日常工作，在需要 root 权力时才进入 root 账户。

在"创建用户"设置界面中，创建非管理用户，如图 1-30 所示。单击"前进"按钮继续。

图 1-30　创建用户

（5）在"日期和时间"界面中，设置系统时间或者选择"在网络上同步日期和时间"，单击"前进"按钮继续。

（6）Kdump 工具组合提供了新的崩溃转储功能，以及加快启动的可能，通过跳过引导时的固件。Kdump 可以提供前一个内核的内存转储以调试。在"Kdump"界面中，单击"完成"按钮即完成了首次启动的设置工作。接下来就可以开始使用 Red Hat Enterprise Linux 6.4 了。

项目 2　使用 Linux 常用命令

2.1　项目提出

公司网络中有一台已经安装好的 REHL 6.4 服务器，在工作过程中，需要对这个 Linux 系统进行一些日常管理，如文件及目录管理、系统信息管理、磁盘信息管理、进程管理等等，这就要求熟悉 Linux 系统的基本管理命令。

2.2　项目分析

1. 项目实训目的

（1）熟悉 Linux 操作环境
（2）掌握 Linux 各类命令的使用方法

2. 项目实现功能

练习使用 Linux 常用命令，达到熟练应用的目的。

3. 项目方案

要实现对 REHL 6.4 服务器的日常管理，网络管理员能够在 Linux 系统下对文件和目录进行各种操作，能对系统的各种信息进行显示和设置，能对进程进行各种显示和设置。

4. 项目主要应用的技术介绍

1）虚拟终端

Linux 是一个多任务、多用户的系统，即使是只有一台 PC，一样可以让多个用户同时在主机上执行工作。那么，如何让多个用户同时使用主机资源呢？Linux 采用虚拟终端机制。

虚拟终端均是利用 PC 当前的键盘和显示器模拟出来的。在一个键盘上通过功能键的选择可以虚拟出多个终端来。在 Linux 系统内默认共有 6 个虚拟终端，虚拟终端也是一个终端，即同时可以有 6 个用户通过终端以文字模式登录 Linux 主机，使用系统资源。虚拟终端结构如图 2-1 所示。

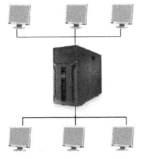

图 2-1　虚拟终端结构

虚拟终端在系统中分别以 tty1~tty6 来表示。可以使用 Alt+Fl～Alt+F6 组合键在虚拟终端间切换，使用 Alt+F7 组合键将切换至 X Window 的图形终端界面，如图 2-2 所示。当用户处于 X Window 环境下，需要切换到 tty1~tty6 中的任何一个文字模式的虚拟终端下时，可以使用 Ctrl+Alt+F1～Ctrl+Alt+F6 组合键切换。

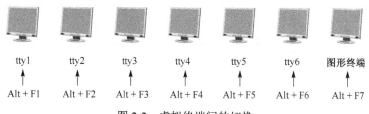

图 2-2 虚拟终端间的切换

2）工作目录与用户主目录

在目录树结构中，用户主目录是用户登录系统后默认进入的目录，同时也是用户文件默认存储的目录。用户对自己的用户主目录具有完全控制的权限。普通用户的用户主目录默认位于/home 目录下，并以用户名作为目录名。如 userl 用户的用户主目录为/home/userl 目录。而管理员 root 的用户主目录是根目录下的 root 目录，即/root。Linux 目录树结构如图 2-3 所示，默认目录功能如表 2-1 所示。

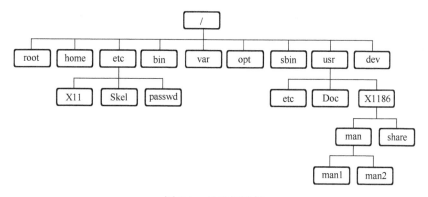

图 2-3 目录树结构

表 2-1 Linux 中默认目录功能

目录名称	目录用途
/	Linux 文件的最上层根目录
/bin	基础系统所需的命令位于此目录，也是最小系统所需的命令。这个目录中的命令是普通用户都可以使用的
/sbin	存放超级权限用户 root 的可执行命令，大多是涉及系统管理的命令，普通用户无权执行这个目录下的命令
/boot	该目录存放操作系统启动时所需的文件及系统的内核文件
/etc	存放系统配置文件，一些服务器的配置文件也在这里
/root	超级用户 root 的主目录
/lib	库文件存放目录
/dev	设备文件存储目录

续表

目录名称	目录用途
/tmp	临时文件目录。用户运行程序时，会产生临时文件，该目录就用来存放临时文件
/boot	启动目录，存放 Linux 内核及引导系统程序所需要的文件
/mnt	挂载存储设备的挂载目录所在的位置
/usr	存入用户使用的系统命令和应用程序等信息
/home	普通用户的主目录，或 FTP 站点目录
/var	Variable 的缩写，具有变动性质的相关程序目录，如 log、spool 和 named 等
/proc	操作系统运行时，进程信息及内核信息都存放在/proc 目录中。这些信息没有保存在磁盘上，而是系统运行时在内存中创建的
/media	光盘、软盘等设备的挂载点

Linux 系统中常用~符号表示用户主目录，如$cd～这个命令表示进入当前用户的用户主目录。

工作目录是指用户当前所处的目录。用户常常在不同的目录间进行操作，这个目录可以是用户主目录，也可以是其他目，这时用户的工作目录也会频繁地发生变化。

3）文件的类型

Linux 系统中有 4 种基本的文件类型：普通文件、目录文件、设备文件和链接文件。

（1）普通文件。

普通文件是用户最常接触的文件，它又分为文本文件和二进制文件。文本文件以文本的 ASCII 码形式存储，它是以"行"为基本结构的一种信息组织和存储方式，使用 cat、more、less 等命令可以查看该类文件的内容，Linux 的配置文件多属于这一类；二进制文件以文本的二进制形式存储在计算机中，用户一般不能直接读懂它们，只有通过相应的软件才能将其显示出来，该类文件一般是可执行程序、图形、图像、声音等。用字符"–"表示。

（2）目录文件。

目录文件，简称为目录。设置目录的主要目的是用于管理和组织系统中的大量文件，它存储一组相关文件的位置、大小等信息。用字符"d"表示。

（3）设备文件。

Linux 系统把每一个 I/O 设备都看成一个文件。设备文件可分为块设备文件和字符设备文件。前者的存取以字符块为单位，如硬盘，用字符"b"表示；后者以字符为单位，如打印机，用字符"c"表示。

（4）链接文件。

链接文件分为硬链接和软链接（符号连接）文件。硬链接文件保留文件的 VFS（虚拟文件系统）节点信息，即使被链接文件改名或移动，硬链接文件仍然有效。但要求硬链接文件和被链接文件必须属于同一个分区并采用相同的文件系统。

软链接文件类似于 Windows 系统中的快捷方式，只记录被链接文件的路径，用字符"l"表示。

4）文件路径

在 Linux 的文件目录系统里以路径来指向一个文件或目录，例如，/etc/passwd 就是一个路径，它是指"/目录下的 etc 目录下的 passwd 文件"。在/etc/passwd 中第一个/表示根目录，其后的/是目录分隔符（注意这一点，在以后所有的路径表示中第一个/表示根目录，其后的所有，都是目录分隔符）。

路径分为相对路径和绝对路径。绝对路径是以"/"根目录为起点定位目标文件或目录位置的路径。如/etc/passwd 就是绝对路径。绝对路径具有引用准确、含义清晰的特点。

相对路径是以当前工作目录为起点定位目标文件或目录位置的路径。若用户当前的工作目录为/usr/X1186，这时要访问 man1 文件，如果使用相对路径，则可表示为"man/man1"这样一个路径。如图 2-4 所示。

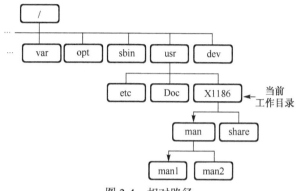

图 2-4　相对路径

在相对路径的表示方法中，有两个目录值得注意，就是"."和".."。"."表示当前目录。".."表示上级目录。所以"../myfile"这个路径表示的是上级目录中的 myfile 文件。

5）shell

shell 是允许用户输入命令的界面，是一个命令语言解释器。作为操作系统的外壳，为用户提供使用操作系统的接口。shell 接到用户输入的命令后首先检查是否是内部命令，若不是再检查是否是一个应用程序。然后，shell 在搜索路径里寻找这些应用程序，搜索路径就是一个能找到可执行程序的目录列表。如不是一个内部命令并且在路径里也没有找到这个可执行文件，就会显示一条错误信息。如果能够成功找到，该内部命令或应用程序将被分解为系统调用，并传送给 Linux 内核。

用户登录到 Linux 系统后，可以看到一个 shell 提示符，标识了命令行的开始。在默认情况下，普通用户用"$"作提示符，超级用户 root 用"#"作提示符。如

[root@localhost　root】#

这里，第一个 root 表示当前登录用户，@是分隔符，localhost 是本地计算机名，第二个 root 表示当前目录，#表示登录用户是系统管理员 root。

一旦出现 shell 提示符，就可以输入命令名称及参数、选项，shell 将执行这些命令。如果一条命令运行较长时间，或在屏幕上产生大量输出，可以按 Ctrl+C 组合键发出中断信号来终止它的执行。

在 Linux 系统中，可以使用多种不同类型的 shell。Bash 是大多数 Linux 的默认 shell。

（1）shell 命令行。

在 Linux 系统中，一个命令通常由命令名、选项和参数 3 部分组成，中间以空格或制表符等空白字符隔开，命令形式如下：

   <命令名> <选项> <参数>

  其中，选项通常是以减号"–"开始的单个字符。选项是可以省略的，参数也可以省略。只有命令名是必须提供的。一个最简单的命令可以仅包含命令本身。

（2）shell 的特色。

在使用 shell 时，用户需要掌握以下特点：

① 命令历史。

Bash 能自动跟踪用户每次输入的命令，并把输入的命令保存在历史列表缓冲区，允许用户使用方向键"↑"和"↓"查询以前执行过的命令。

② Tab 自动补齐文件名或命令名。

在输入文件名或命令名时，用户可以按键盘上的 Tab 键，系统会自动补齐文件名或命令名。

③ Linux 下获得帮助。

man 命令。

  格式：man [选项]<命令名称>

功能：显示命令的帮助手册。一般情况下 man 手册页主要位于/usr/share/man 目录下。

```
[root@localhost ~]# man ls |more
```

LS（1）   User Commands   LS（1）

NAME
   ls - list directory contents

SYNOPSIS
   ls [OPTION]... [FILE]...

DESCRIPTION
   List information about the FILEs （the current directory by default）.
   Sort entries alphabetically if none of -cftuvSUX nor --sort.

   Mandatory arguments to long options are mandatory for short options too.

   -a, --all
     do not ignore entries starting with .

   -A, --almost-all
     do not list implied . and ..

  --More--

help 命令。

  格式：<命令> --help

功能：通过该命令可以查找 shell 命令的用法，只需要在所查找的命令后输入 help 命令，就可以看到所查命令的内容了。

```
[root@localhost ~]# init --help
Usage: init [OPTION]...
Process management daemon.
```

④ 命令别名。

在 Bash 下，可以使用 alias 命令给其他命令或可执行程序起别名，这样就可以以自己习惯的方式执行命令。命令 unalias 用于删除使用 alias 创建的别名。

```
[root@localhost ~]# alias "home=cd ~"
[root@localhost ~]# cd /etc/X11
[root@localhost X11]# pwd
/etc/X11
[root@localhost X11]# home
[root@localhost ~]# pwd
/root
[root@localhost ~]# unalias home
[root@localhost ~]# home
Bash:home:command not found
```

⑤ 输入、输出重定向。

输入重定向用于改变命令的输入，输出重定向用于改变命令的输出。输出重定向更为常用，它经常用于将命令的结果输入到文件中，而不是屏幕上。输入重定向的命令是"<"，输出重定向的命令是">"。

"＞"表示将命令的执行结果送至指定的文件中。

"＞＞"表示将命令执行的结果附加到指定的文件中。

```
[root@localhost ~]# ifconfig eth0 >/root/ifconfig_1
[root@localhost ~]# more /root/ifconfig_1
eth0      Link encap:Ethernet   HWaddr 00:0C:29:2E:8E:FA
          inet addr:192.168.2.15   Bcast:192.168.2.255   Mask:255.255.255.0
                              …
          RX bytes:2018172 （1.9 MiB）   TX bytes:212659 （207.6 KiB）
          Interrupt:19 Base address:0x2000

[root@localhost ~]# ll / >>/root/ifconfig_1
[root@localhost ~]# more /root/ifconfig_1
eth0      Link encap:Ethernet   HWaddr 00:0C:29:2E:8E:FA
          inet addr:192.168.2.15   Bcast:192.168.2.255   Mask:255.255.255.0
                              …
          RX bytes:2018172 （1.9 MiB）   TX bytes:212659 （207.6 KiB）
          Interrupt:19 Base address:0x2000

总用量 114
dr-xr-xr-x.    2 root root   4096 11 月   3 17:34 bin
```

```
dr-xr-xr-x.    5 root root    1024 11 月    3 16:43 boot
                                         …
drwxr-xr-x.   13 root root    4096 11 月    3 16:08 usr
drwxr-xr-x.   26 root root    4096 12 月   16 15:13 var
```

⑥ 管道。

管道用于将一系列的命令连接起来，也就是把前面命令的输出作为后面命令的输入。管道的命令是"|"。管道的功能和用法与 DOS/Windows 系统完全相同。

```
[root@localhost ~]# ll / | grep b
dr-xr-xr-x.    2 root root    4096 11 月    3 17:34 bin
dr-xr-xr-x.    5 root root    1024 11 月    3 16:43 boot
dr-xr-xr-x.   18 root root   12288 11 月    3 17:33 lib
dr-xr-xr-x.    2 root root   12288 11 月    3 17:34 sbin
```

⑦ 清除和重设 shell 窗口。

在命令提示符下即使只执行了一个"ls"命令。所在的终端窗口也可能会因为显示的内容过多而显得拥挤。这时，可以执行命令"clear"，清除终端窗口中显示的内容。

6）Linux 常用命令

（1）man 命令。

> 格式：man [选项]　　<命令名>

功能：查看命令的使用手册。

（2）runlevel 命令。

> 格式：runlevel

功能：查看当前系统的运行级。

（3）init 命令。

> 格式：init [0123456Ss]

功能：切换运行级（超级用户可以进行切换）。

（4）修改默认运行级别。

编辑配置脚本 /etc/inittab

```
id:3:initdefault:        //启动后进入字符界面
id:5:initdefault:        //启动后进入图形界面
```

（5）ls 命令。

> 格式：　ls　[选项]　　<目录或是文件>

功能：显示文件或目录信息。

-R 递归地列出所有子目录下的文件。

-a 列出目录下的所有文件，包括以 . 开头的隐含文件。

-l 以长格式显示目录和文件信息。

-d 查看目录本身信息。

注意：ls 命令后跟目录时，显示该目录下的文件和子目录信息，如果加-d 参数，表示只显示该目录的信息。

（6）cd 命令。

格式：cd <路径>

功能：切换工作目录。pwd 命令用于显示当前目录。

（7）mkdir 命令。

格式：mkdir[选项] <目录>

功能：创建目录

-p（--parents） 确保目录名称存在，不存在则创建一个。

（8）rmdir 命令。

格式：rmdir [选项] <目录>

功能：删除空的目录，如果给出的目录不为空则报错。

-p 是当子目录被删除后使它也成为空目录的话，则顺便一并删除。

（9）rm 命令。

格式：rm [选项] <文件或目录名>

功能：删除文件或目录

-r 指示 rm 将参数中列出的全部目录和子目录均递归地删除，可用于删除非空目录。

-f 用于强制删除文件或目录。

（10）touch 命令。

格式：touch [选项] <文件…>

功能：生成新的空文件或更改现有文件的时间。

（11）cp 命令。

格式：cp [选项] <源> <目标>

功能：复制文件或目录。

（12）ln 命令。

格式：ln [选项] <被链接的文件> <链接文件名>

功能：创建链接文件。

-s：创建符号链接（软链接），而非硬链接。

链接有两种形式，即软链接（符号链接）和硬链接。ln 命令用于建立链接。符号链接，类似于 Windows 下的快捷方式，只不过是指向原始文件的一个指针而已，如果删除了符号链接，原始文件不会有任何变化，但如果删除了原始文件，则符号链接就将失效。从大小上看，一般符号链接远小于被链接的原始文件。符号链接文件的类型为链接文件（即 "1"）。

可以建立指向文件的符号链接，也可以建立指向目录的符号链接。但硬链接有局限性，不能建立目录的硬链接。

给源文件 a.txt 建立一个硬链接 b.txt，这时 b.txt 可以看作是 a.txt 的别名，它和 a.txt 不分主次。a.txt 和 b.txt 实际上都指向硬盘上的相同位置，更改 a.txt 的内容，会在 b.txt 得到反映。如果删除了 a.txt 文件，b.txt 文件依然存在。如果修改了文件 a.txt，这些修改都会反映到文件 b.txt 中；而如果修改了文件 b.txt，文件 a.txt 也会随之更新。硬链接文件的类型为普通文件（即"-"）。给 a.txt 建立一个符号链接文件 c.txt，如果删除 a.txt，c.txt 将失效。符号链接和硬链接的关系如图 2-5 所示。

```
[root@localhost ~]# vi a.txt
[root@localhost ~]# ln a.txt b.txt
[root@localhost ~]# ll a.txt b.txt
-rw-r--r--. 2 root root 97 12 月  16 21:28 a.txt
-rw-r--r--. 2 root root 97 12 月  16 21:28 b.txt
[root@localhost ~]# ln -s a.txt c.txt
[root@localhost ~]# ll c.txt
lrwxrwxrwx. 1 root root 5 12 月  16 21:29 c.txt -> a.txt
```

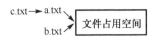

图 2-5　符号链接和硬链接

（13）mv 命令。

　　格式：mv [选项]<源文件或目录><目标文件或目录>

功能：文件或目录的移动或改名。

（14）tar 命令。

　　格式：tar [选项]<档案文件><文件列表>

功能：把一系列文件归档到一个大文件中，也可以把档案文件解开以恢复数据。

-c 创建新的打包文件。

-v 详细列出 tar 处理的文件信息。

-f 指定打包文件名。

-z 用 gzip 来压缩/解压缩打包文件。

-x 从打包文件中释放文件。

（15）gzip 命令。

　　格式：gzip　　[选项] <文件列表>

功能：对文件进行压缩解压。

-d: 解开压缩文件。

-v: 显示指令执行过程。

（16）rpm 命令。

　　格式：rpm [选项] <软件包名>

功能：安装 rpm 软件包。

-q 查询；

-i 安装指定 rpm 软件包；

-v 显示详细信息；

-h 以"#"显示进度；

-e 删除已经安装的软件包。

（17）grep 命令。

　　格式：grep [选项] <要查找的字符串> <文件名>

功能：查找文件中包含指定字符串的行。文件中可使用通配符"*"和"？"，如果要查找的字符串带空格，可以使用单引号或双引号括起来。

（18）find 命令。

格式：find <路径><匹配表达式>

功能：文件查找。

-name filename　查找指定名称的文件，支持通配符"*"和"？"；

-user username 查找指定用户的文件；

-group groupname 查找指定用户的文件；

-print　显示查找结果。

（19）file 命令。

格式：file [选项]<文件或目录>

功能：判断文件或目录类型。

-z　尝试去解读压缩文件的内容。

[root@localhost ~]# file multi.c

multi.c: ASCII text（是一个 text（即 txt）类型的文件，txt 文件所采用的编码是 ASCII 编码体系）

[root@localhost ~]# file multi

multi: ELF 32-bit LSB executable, Intel 80386, version 1 （SYSV）, dynamically linked（uses shared libs）, for GNU/Linux 2.6.18, not stripped（表示可执行文件）

[root@localhost ~]# file ifconfig_1

ifconfig_1: UTF-8 Unicode text

（UTF-8（8-bit Unicode Transformation Format）是一种针对Unicode的可变长度字符编码，又称万国码。由 Ken Thompson 于 1992 年创建。现在已经标准化为 RFC 3629。UTF-8 用 1 到 4 个字节编码 UNICODE字符。用在网页上可以同一页面显示中文简体繁体及其他语言，如日文、韩文。）

[root@localhost ~]# file dir

dir: directory（目录）

[root@localhost ~]# file -z ns-src-2.35.tar.gz

ns-src-2.35.tar.gz: POSIX tar archive （GNU） （gzip compressed data, was "ns-src-2.35.tar", from Unix, last modified: Sat Sep 22 22:38:24 2012）（gzip 压缩文件）

（20）cat 命令。

格式：cat [选项]<文件>

功能：用于将文本内容在标准的输出设备（如显示器）上显示出来。如果文件的内容超过一屏，文本会在屏幕上迅速闪过，用户将无法看清前面的内容，此时可以使用 more 和 less 命令进行分屏显示。

（21）more 命令。

格式：more [选项]<文件>

功能：可以让用户在浏览文件时一次阅读一屏或者一行。

该命令一次显示一屏文件内容，满屏后显示停止，并且在每个屏幕的底部显示

"--More--"，并给出至今已显示的百分比。按 Enter 键可以向后移动一行；按 Space 键可以向后移动一屏；按 Q 键可以退出该命令。

less 命令和 more 一样都是页命令，但是 less 命令的功能比 more 命令更强大。less 的使用格式为："less[选项] <文件>"。

（22）du 命令。

格式：du [选项]<文件或目录>

功能：该命令可以用来获得文件或目录的磁盘用量。

选项：

-h 将文件或目录的大小以容易理解的格式显示出来。

（23）head 命令。

格式：head [选项] 文件名

功能：在屏幕上显示指定文本文件的前几行，默认显示文件的前 10 行。

选项：

-n num 显示文件的前 num 行。

-c num 显示文件的前 num 个字符。

tail 命令与 head 命令相反，显示文件的末尾几行，格式为：tail [选项] 文件名，默认显示文件的尾 10 行。

（24）ps 命令。

格式：ps [选项]

功能：将某个时间点的程序运行情况进行显示。

选项：

-A 显示所有进程。

-a 显示现行终端机下的所有程序，包括其他用户的程序。

-u 以用户为主的格式来显示程序状况。

-l 按长格式形式显示输出。

```
[root@localhost ~]# ps -au
Warning: bad syntax, perhaps a bogus '-'? See /usr/share/doc/procps-3.2.8/FAQ
USER      PID %CPU %MEM    VSZ    RSS TTY      STAT START    TIME COMMAND
root     2078  0.0  0.0   2008    480 tty2     Ss+  Dec16    0:00 /sbin/mingetty /dev/tty2
root     2080  0.0  0.0   2008    512 tty3     Ss+  Dec16    0:00 /sbin/mingetty /dev/tty3
root     2082  0.0  0.0   2008    480 tty4     Ss+  Dec16    0:00 /sbin/mingetty /dev/tty4
                                ...
```

（25）kill 命令。

格式：kill [选项] <进程列表>

功能：kill 命令用来中止进程。前台进程在运行时可以使用 Ctrl+C 组合键进行终止，后台进程无法使用这种方式，可使用 kill 命令来终止后台进程。

选项：

-s 指定发送的信号。

-p 模拟发送信号。

-l 指定信号的名称列表。

```
[root@localhost ~]# kill -l
 1）SIGHUP   2）SIGINT   3）SIGQUIT  4）SIGILL    5）SIGTRAP
 6）SIGABRT  7）SIGBUS   8）SIGFPE   9）SIGKILL  10）SIGUSR1
11）SIGSEGV 12）SIGUSR2 13）SIGPIPE  14）SIGALRM15）SIGTERM
16）SIGSTKFLT 17）SIGCHLD 18）SIGCONT 19）SIGSTOP 20）SIGTSTP
21）SIGTTIN 22）SIGTTOU 23）SIGURG   24）SIGXCPU 25）SIGXFSZ
26）SIGVTALRM 27）SIGPROF 28）SIGWINCH  29）SIGIO   30）SIGPWR
                              …
[root@localhost ~]# ps
  PID TTY          TIME CMD
 2721 pts/0    00:00:00 bash
10723 pts/0    00:00:00 ps
[root@localhost ~]# kill -9 2721
```

注意：kill -9 PID 相当于 kill -s SIGKILL PID。

2.3　项目实施

1．项目实训环境准备

（1）较高配置计算机一台；

（2）虚拟机 VMware 及 RHEL 6.4 虚拟机系统。

2．项目主要实训步骤

1）Linux 系统管理命令

（1）切换系统运行级别。

```
[root@localhost ~]#init 3
```

（2）显示当前系统运行级别。

```
[root@localhost ~]#runlevel
```

（3）关闭系统。

```
[root@localhost ~]#shutdown –h now
[root@localhost ~]#poweroff
[root@localhost ~]#halt
[root@localhost ~]#init 0
```

（4）重启系统。

```
[root@localhost ~]#reboot
```

2）文件和目录类命令的使用

（1）启动计算机，利用 root 用户登录系统，进入字符提示界面。

（2）用 pwd 命令查看当前所在的目录。

```
[root@localhost ~]#pwd
```

（3）在当前目录下，创建测试目录 test。

[root@localhost ~]#mkdir test

（4）用 man 命令查看 ls 命令的使用手册。

[root@localhost ~]#man ls

（5）利用 ls 命令列出文件和目录，确认 test 目录创建成功。

[root@localhost ~]#ls

（6）用 cd 命令进入 test 目录。

[root@localhost ~]#cd test

（7）利用 pwd 查看当前工作目录。

[root@localhost test]#pwd

（8）利用 touch 命令，在当前目录创建一个新的空文件 newfile。

[root@localhost test]#touch newfile

（9）利用 cp 命令复制系统文件/etc/profile 到当前目录下。

[root@localhost test]#cp /etc/profile .

（10）复制文件 profile 到一个新文件 profile.bak，作为备份。

[root@localhost test]#cp profile profile.bak

（11）用 ll 命令以长格形式列出当前目录下的所有文件，注意比较每个文件的长度和创建时间的不同。

[root@localhost test]#ll

（12）用 less 命令分屏查看文件 profile 的内容，注意练习 less 命令的各个子命令，如 b、p、q 等，并对 then 关键字查找。

[root@localhost test]#less profile

（13）用 grep 命令在 profile 文件中对关键字 then 进行查询，并与上面的结果比较。

[root@localhost test]#grep then profile

（14）给文件 profile 创建一个软链接 lnsprofile 和一个硬链接 lnhprofile。

[root@localhost test]#ln profile –s lnsprofile
[root@localhost test]#ln profile lnhprofile

（15）长格形式显示文件 profile、lnsprofile 和 lnhprofile 的详细信息。注意比较 3 个文件链接数的不同。

[root@localhost test]#ll profile lnsprofile lnhprofile

（16）删除文件 profile，用长格形式显示文件 lnsprofile 和 lnhprofile 的详细信息，比较文件 lnhprofile 的链接数的变化。

[root@localhost test]#rm profile
[root@localhost test]#ll lnsprofile lnhprofile

（17）用 less 命令查看文件 lnsprofile 的内容，看看有什么结果。

[root@localhost test]#less insprofile

（18）用 less 命令查看文件 lnhprofile 的内容，看看有什么结果。

[root@localhost test]#less inhprofile

（19）删除文件 lnsprofile，显示当前目录下的文件列表，回到上层目录（/root）。

[root@localhost test]#rm insprofile
[root@localhost test]#cd ..

（20）用 tar 命令把目录 test 打包。

[root@localhost ~]#tar –cvf test.tar test

（21）用 gzip 命令把打好的包进行压缩。

[root@localhost ~]#gzip –v test.tar

（22）把文件 test.tar.gz 改名为 backup.tar.gz。

[root@localhost ~]#mv test.tar.gz backup.tar.gz

（23）显示当前目录下的文件和目录列表，确认重命名成功。

[root@localhost ~]#ll

（24）把文件 backup.tar.gz 移动到 test 目录下。

[root@localhost ~]#mv backup.tar.gz　test

（25）显示当前目录下的文件和目录列表，确认移动成功。

[root@localhost ~]#ll

（26）进入 test 目录，显示目录中的文件列表（/root/test）。

[root@localhost ~]#cd test
[root@localhost test]#ll

（27）把文件 backup.tar.gz 解包。

[root@localhost test]#tar –zxvf backup.tar.gz

（28）显示当前目录下的文件和目录列表，复制 test 目录为 testbak 目录作为备份。

[root@localhost test]#ll
[root@localhost test]#cp –r test testbak

（29）查找 root 用户自己主目录下的所有名为 newfile 的文件。

[root@localhost ~]#find ~ -name newfile

（30）删除 test 子目录下的所有文件。

[root@localhost ~]#rm –r test/*

（31）利用 rmdir 命令删除空子目录 test。

[root@localhost ~]#rmdir　test

（30）～（31）可以这样实现：回到上层目录，利用 rm 命令删除目录 test 和其下所有文件。

　　[root@localhost ~]#rm –r test

3）系统信息类命令的使用

（1）利用 date 命令显示系统当前时间，并修改系统的当前时间，时间格式：[MMDDhhmm [[CC]YY][.ss]]。

　　[root@localhost ~]#date
　　[root@localhost ~]#date 110421452013

（2）显示当前登录系统的用户状态。

　　[root@localhost ~]#who

（3）利用 free 命令显示内存的使用情况。

　　[root@localhost ~]#free

（4）利用 df 命令显示系统的硬盘分区及使用状况。

　　[root@localhost ~]#df -h

（5）显示当前目录下各级子目录的硬盘占用情况。

　　[root@localhost ~]#du

4）进程管理类命令的使用

（1）使用 ps 命令查看和控制进程。

①　显示本用户的进程。

　　[root@localhost ~]#ps

②　显示所有用户的进程。

　　[root@localhost ~]#ps -au

③　在后台运行 cat 命令：

　　[root@localhost ~]#cat &

④　查看进程 cat。

　　[root@localhost ~]# ps aux |grep cat

⑤　杀死进程 cat。

　　[root@localhost ~]#kill –9 cat

⑥　再次查看进程 cat，看看是否被杀死。

（2）使用 top 命令查看和控制进程。

①　用 top 命令动态显示当前的进程。

　　[root@localhost ~]#top

②　只显示用户 user1 的进程（利用 U 键）。

　　[root@localhost ~]#top

按 U 键输入 user1

③ 利用 K 键，杀死指定进程号的进程。

（3）挂起和恢复进程。

① 执行命令 cat。

    [root@localhost ~]#cat

② 按 Ctrl+Z 组合键，挂起进程 cat。

③ 输入 jobs 命令，查看作业。

    [root@localhost ~]#jobs

④ 输入 bg 命令，把 cat 切换到后台执行。

    [root@localhost ~]#bg

⑤ 输入 fg 命令，把 cat 切换到前台执行。

    [root@localhost ~]#fg

⑥ 按 Ctrl+C 组合键，结束进程 cat。

（4）find 命令的使用。

① 在/var/lib 目录下查找所有文件其所有者是 games 用户的文件。

    [root@localhost ~]#find　/var/lib　–user games

② 在/var 目录下查找所有文件其所有者是 root 用户的文件。

    [root@localhost ~]#find　/var　–user root

③ 查找所有文件其所有者不是 root、bin 和 student 用户，并用长格式显示（如 ls -l 的显示结果）。

    [root@localhost ~]#find / ! –user root -and ! –user bin –and ! –user student –exec ls –l {} \; 2> /dev/null

④ 查找/usr/bin 目录下所有大小超过一百万 byte 的文件，并用长格式显示（如 ls -l 的显示结果）。

    [root@localhost ~]#find /usr/bin –size +1000000c —exec ls -l 2> /dev/null

⑤ 对/etc/mail 目录下的所有文件使用 file 命令。

    [root@localhost ~]#find /etc/mail –exec file {} \; 2 > /dev/null

⑥ 查找/tmp 目录下属于 student 的所有普通文件，这些文件的修改时间为 5 天以前，查询结果用长格式显示（如 ls -l 的显示结果）。

    [root@localhost ~]#find /tmp –user student –and –mmin +5 –and –type f –exec ls {} \;　2> /dev/null

⑦ 对于查到的上述文件，用-ok 选项删除。

    [root@localhost ~]# find /tmp –user student –and –mmin +5 –and –type f –ok rm {} \;

5）rpm 软件包的管理

（1）查询系统是否安装了软件包 squid。

    [root@localhost ~]#rpm –qa|grep squid

（2）如果没有安装，则挂载 Linux 第 2 张安装光盘或挂载 RHEL 6.4 ISO 镜像文件，安装 squid-3.5.STABLE6-3.i386.rpm 软件包。

> [root@localhost ~]#rpm –ivh /media/RHEL_6.4\ i386\ Disc\ 1/Packages/ squid-3.5.STABLE6-3.i386.rpm

注意：输入目录 RHEL_6.4\ i386\ Disc\ 1/时，可以先输入 RHEL 再按 Tab 键补齐来实现。

（3）卸载刚刚安装的软件包。

> [root@localhost ~]#rpm –e squid

6）tar 命令的使用

系统上的主硬盘在使用的时候有可怕的噪声，但是它上面有有价值的数据。系统在两年半以前备份过，你决定手动备份少数几个最重要的文件。/tmp 目录里储存在不同硬盘的分区上快坏的分区。

（1）在/home 目录里，用 find 命令定位文件所有者是 student 的文件，然后将其压缩。

> [root@localhost ~]#find /home –user student –exec tar zvf /tmp/backup.tar {} \;

（2）保存/etc 目录下的文件到/tmp 目录下。

> [root@localhost ~]#tar cvf /tmp/confbackup.tar /etc/

（3）列出两个文件的大小。

（4）使用 gzip 压缩文档。

7）其他命令

（1）使用 clear 命令。

> [root@localhost ~]#clear

（2）使用 uname 命令。

> [root@localhost ~]#uname –a

（3）使用 man 命令。

> [root@localhost ~]#man ls

（4）使用 alias 命令。

> [root@localhost ~]#alias httpd="vi /etc/httpd/conf/httpd.conf"

（5）使用 unlias 命令。

> [root@localhost ~]#unalias httpd

（6）使用 history 命令。

> [root@localhost ~]#history
> [root@localhost ~]#！ 125

项目 3　管理 Linux 用户和组

3.1　项目提出

公司有 80 个员工，分别在 5 个部门工作，每个人的工作内容不同。根据管理需要，在服务器上为每个部门创建一个组，每个人创建一个账号，把相同部门的用户放在同一个组中，每个用户都有自己的工作目录，每个部门有共同的工作目录。

3.2　项目分析

1．项目实训目的

（1）熟悉 Linux 用户的访问权限。

（2）掌握在 Linux 系统中增加、修改、删除用户或用户组的方法。

（3）掌握用户账户管理及安全管理。

2．项目实现功能

（1）用户的访问权限。

（2）账号的创建、修改、删除。

（3）定义组的创建与删除。

3．项目方案

要完成上述的工作任务，要求网络管理员掌握用户账号、组账户的创建、修改、删除操作，将用户划分到相应的组中。

以技术部为例，技术部有成员 mary、sofei、tom、rose4 个人。系统管理员决定创建 4 个普通用户，这 4 个用户同属于同一组群 jishu。

4．项目主要应用的技术介绍

1）Linux 系统中的用户

Linux 是多用户系统，Linux 系统中的用户可以分为 3 种：管理员 root、系统用户和普通用户。

其中，管理员 root 和系统用户是在安装系统的过程中由安装程序自动创建的。

（1）管理员 root。

Linux 系统安装过程中，安装程序会引导用户创建管理员账户 root，用于首次登录系统。root 有权访问系统中的所有文件、目录和其他资源。

（2）系统用户。

系统用户是在安装系统的过程中自动创建的。这些账号不具有登录系统的能力，一般被一些服务、应用程序所使用，让这些服务有权限去访问一些数据，例如，Apache 网络服务器创建的系统用户 apache。如果出现错误或黑客攻击，也能够尽量缩小影响范围。

可以在账号文件/etc/passwd 中看到，系统用户所在行的最后一个字段的值是/sbin/nologin，表不它们不能用来登录系统。

（3）普通用户。

普通用户是为了维护一个安全的系统环境而创建的，目的是让该用户通过用户名和密码登录到 Linux 系统，或者访问系统服务，但权限有限。如果用户登录后的命令提示符是"$"，则是普通用户。如果在创建普通用户的时候，没有特别指明新用户的主目录，在默认情况下，系统为每个新创建的用户在/home 目录下建立一个与用户名同名的主目录（root 用户的主目录为/root），作为登录后的起点，用户可以在自己的主目录下创建文件和子目录。

2）Linux 系统中的组

通过对用户进行分组，可以更有效地实现对用户权限的管理。不同的用户可以属于不同的组，也可以属于相同的组，也可以是同一个用户同时属于多个不同的组。同组的用户，对特定的文件拥有相同的操作权限。如果某个用户属于多个组，那么其权限是几个组权限的累加。

在 Linux 系统中，存在很多的用户组，每个用户组都有一个组账号，包括组名称、口令以及主目录成员等信息。这些组账号可以在/etc/group 文件中看到。

组分为 3 种类型：管理员用户组、系统用户组和普通用户组。其中，管理员用户组、系统用户组是由系统自动生成的，普通用户组是管理员根据需要创建的。

如果在创建普通用户的时候，没有特别指明新用户所属用户组，系统将默认创建一个与用户名同名的组，并将该用户作为该组的默认成员。

3）/etc/passwd 文件

/etc/passwd 文件是 Linux 系统中非常重要的账号信息数据库文件，文件中的每一行都代表一个账号的数据，用户可以看到文件中有 root 账号。此外还有系统在安装时自动创建的标准用户（Standard Users），如 bin、daemon 等，而标准用户账号并不是日常使用的账号，故暂时不在这里讨论。/etc/passwd 这个文件在账号管理工作中是非常重要的，用户账号的相关信息都是由这个文件定义的。

下面是/etc/passwd 文件的部分内容：

```
[root@localhost ~]# cat /etc/passwd
root:x:0:0:root:/root:/bin/bash
bin:x:1:1:bin:/bin:/sbin/nologin
daemon:x:2:2:daemon:/sbin:/sbin/nologin
                ...
gdm:x:42:42::/var/gdm:/sbin/nologin
sabayon:x:86:86:Sabayon user:/home/sabayon:/sbin/nologin
user1:x:501:500::/home/user1:/bin/bash
```

在/etc/passwd 文件中每一个账号都由 7 个字段的数据组成，以"："分隔，其格式如下：

账号名称：密码：UID：GID：用户信息：主目录：登录 Shell

如，root 账号信息为：

root：x：0：0：root：/root：/bin/bash

对上述各字段说明如下：

（1）账号名称：登录系统时使用的名称。

（2）密码：登录密码。用户在这个字段常常看到的是 x，这表示密码经过 shadow passwords 保护以增加安全性。

在 shadow passwords 的保护下，所有有关密码的数据及设置都存放在/etc/shadow 文件内，在 passwd 文件中就只能看到 x。

（3）UID（用户标识符，UserID）：是系统用来识别用户账号的标识，所以每一个账号都会有一个 UID，且 UID 具有唯一性。不会与其他账号的 UID 重复。root 的 UID 为 0，1～99 是系统的标准账号，普通用户使用从 500 开始的 UID。对于 100～499 这一 UID 范围系统保留给一些服务使用。

（4）GID（组标识符，Group ID）：每个用户账号都属于一个主组群（Primary Group），同组的用户 GID 也会相同。

使用 useradd 指令添加账号时，系统默认会添加一个专门用户组作为该用户的附属族群，同时以账号名称作为组名称，该账号就是这个主组群的唯一成员。

（5）用户信息：该字段中可以记录关于用户的姓名、电话等信息。

（6）主目录：定义用户的主目录，通常是/home/username，username 与用户账号名称相同。

（7）登录 Shell：定义用户登录系统后激活的 Shell，默认是 bash。需要注意的是，当将/sbin/nologin 作为默认登录 Shell 时，可以使账号无法登录系统。

上面提到了 shadow passwords 机制，该机制会将用户口令转存到/ctc/shadow 文件中，/etc/shadow 文件根据/etc/passwd 文件生成，只有超级用户才能查看。

4）/etc/shadow 文件

由于所有用户对 passwd 文件均有读取权限，为了增强系统的安全性，经过加密之后的口令都存放在/etc/shadow 文件中。/etc/shadow 文件只对 root 用户可读，因而大大提高了系统的安全性。shadow 文件（root 账户）的内容形式如下：

```
[root@localhost ~]# cat /etc/shadow
root:$1$pCQ3jLX8$wh1Khlvb12dYKZSvET0Zu.:16002:0:99999:7:::
bin:*:15386:0:99999:7:::
daemon:*:15386:0:99999:7:::
        …
gdm:!!:15386:0:99999:7:::
sabayon:!!!:15386:0:99999:7:::
user1:$1$0gQkCYgk$oNLonty.du4L.R1X2aE85/:15387:0:99999:7:::
```

shadow 文件保存加密之后的口令以及与口令相关的一系列信息，每个用户的信息在 shadow 文件中占用一行，并且用 "：" 分隔为 9 个域，各域的含义如下：

（1）用户登录名。

（2）加密后的用户口令。

（3）从 1970 年 1 月 1 日起，到用户最近一次口令被修改的天数。

（4）从 1970 年 1 月 1 日起，到用户可以更改密码的天数，即最短口令存活期。

（5）从 1970 年 1 月 1 日起，到用户必须可以更改密码的天数，即最长口令存活期。

（6）口令过期前几天提醒用户更改口令。

（7）口令过期后几天账户被禁用。

（8）口令被禁用的具体日期（相对日期，从 1970 年 1 月 1 日至禁用时的天数）。

（9）保留域，用于功能扩展。

5）/etc/login.defs 文件

建立用户账户时会根据/etc/login.defs文件的配置设置用户账户的某些选项。该配置文件的有效设置内容及中文注释如下所示。

```
//用户邮箱目录
MAIL_DIR /var/spool/mail
MAIL_FILE .mail
//账户密码最长有效天数
PASS_MAX_DAYS 99999
//账户密码最短有效天数
PASS_MIN_DAYS 0
//账户密码的最小长度
PASS_MIN_LEN 5
//账户密码过期前提前警告的天数
PASS_WARN_AGE 7
//用 useradd 命令创建账户时自动产生的最小 UID 值
UID_MIN 500
//用 useradd 命令创建账户时自动产生的最大 UID 值
UID_MAX 60000
//用 groupadd 命令创建组群时自动产生的最小 GID 值
GID_MIN 500
//用 groupadd 命令创建组群时自动产生的最大 GID 值
GID_MAX 60000
//如果定义的话，将在删除用户时执行，以删除相应用户的计划作业和打印作业等
USERDEL_CMD /usr/sbin/userdel_local
//创建用户账户时是否为用户创建主目录
CREATE_HOME yes
```

6）/etc/group 文件

group 文件与 passwd 文件的格式相似，group 文件的每一行记录了一个组的数据，如上面的 root 组、用户 user1 组等，也有系统创建的标准组（Standard Groups），如 bin 组和 deamon 组等。

group 文件（root 账户）的内容形式如下：

```
[root@localhost ~]# cat /etc/group
root:x:0:root,user1
bin:x:1:root,bin,daemon
daemon:x:2:root,bin,daemon
```

　　…
　　sabayon:x:86:
　　screen:x:84:
　　group:x:500:user1,user2

每个组的数据包括 4 个字段，字段间也是以 ":" 分隔，内容说明如下：

组名称:组密码:GID:组成员

（1）组名称：该组的名称，如 root、user1。

（2）组密码：设置加入组的密码，大多数情况下不使用组密码，所以这个字段通常没有用。如果使用了组密码且系统已启用 shadow passwd 机制时，组密码将记录在/etc/gshadow 文件中。

（3）GID：组标识符（groupid），与用户的 UID 一样，每个组也有自己的 GID 供系统识别，且不同组的 GID 不同。

（4）组成员：在/etc/group 文件中，用户的主组群并不把该用户作为成员列出，只有用户的附属组群才会把该用户作为成员列出。例如用户 user1 的主组群是 user1，但/etc/group 文件中组群 user1 的成员列表中并没有用户 user1。

7）/etc/gshadow 文件

/etc/gshadow 文件用于存放组群的加密口令、组管理员等信息，该文件只有 root 用户可以读取。每个组群账户在 gshadow 文件中占用一行，并以 ":" 分隔为 4 个域。每一行中各域的内容如下：

组群名称:加密后的组群口令:组群的管理员:组群成员列表

8）用户和组操作命令

（1）useradd 命令。

格式：useradd [选项] <用户名>

功能：新建系统用户。

-d home_dir 指定用户宿主目录；

-g initial_group 用户所属主组群的组群名或 GID；

-G group_list 用户所属附属组群列表；

-u UID 指定用户的 UID，必须唯一，且大于 499；

-m 若宿主目录不存在，则创建它。

（2）passwd 命令。

格式：passwd [选项] <用户名>

功能：指定和修改用户账户口令，超级用户可以为自己和其他用户设置口令，而普通用户只能为自己设置口令。创建新用户时，系统将为用户创建一个与用户名相同的组，称为主组群。

-l 锁定（停用）用户账户，有时需要临时禁用一个账户而不删除它。

-u 口令解锁。

（3）usermod 命令。

root 有权修改用户账号的设置，除直接编辑/etc/passwd 文件外，还可以使用 usermod 命令来进行修改。

格式：usermod [选项] <用户名>

功能：修改账户设置。

-d dir：设置用户主目录。dir 为用户要设置的主目录名称，主目录名称默认是账号名称。

-g group：设置该账号所属的主组群。可以使用 group 名称或 GID 设置。

-G group：设置该账号所属的附属组群，即该账号为所属组群的成员，可以使用 group 名称或 GID 设置，组之间需要使用 "," 分隔。

-m：若用户主目录不存在，则一并创建用户主目录。

-s shell：设置登录启动后的 Shell。

-u UID：设置此账号的 UID。

-i name：更改账号名称，必须在该账号未登录系统时才能使用。

（4）userdel 命令。

格式：userdel [-r] 用户名

功能：删除用户账户

参数：-r 将用户主目录以及邮件池一并删除。

（5）groupadd 命令。

格式：groupadd [选项] <组名>

功能：添加用户组

参数：

-g gid：除非使用-o 参数，不然该值必须是唯一，不可相同。数值不可为负。

-o：允许设置相同组 id 的群组。

（6）groupmod 命令。

格式：groupmod [选项] <组名>

功能：修改组设置，包括 GID 和组名称等信息。

参数：

-g GID　更改 GID。

-n name　更改组账号名称。

-o　强制接受更改的 GID 为重复值。

（7）gpasswd 命令。

gpasswd 命令原本是用来设置组密码的命令，但是在专门用户组的模式下组密码并不常用。相对而言，gpasswd 命令用来管理组内用户的功能倒是很方便。

格式：gpasswd [选项] <用户账号名称><组账号名称>

功能：将用户加入到组中或从组中删除。该命令只有 root 或组管理员有权使用。

选项：

-a　将用户账号加入到组账号中。

-A　系统管理员使用该选项设置用户为组管理员。可以同时设置多个用户为组管理员，多个用户名之间用 "," 隔开。设置空列表（""）可以取消所有组管理员。

-d　将用户账号从组账号中删除。

-r 取消组密码。

用户账号名称：表示要加入或删除的用户账号。

组账号名称：表示要加入或删除用户的组名称，或设置组密码的组名称。

（8）groupdel 命令。

格式：groupdel <组名>

功能：删除用户组，用户组必须存在，如果有组中的任一用户在使用中的话，则不能删除。

（9）id 命令。

格式：id [选项]<用户名>

功能：显示一个用户的 UID 和 GID 以及用户所属的组列表。在命令行输入 id 直接回车将显示当前用户的 ID 信息。

（10）su 命令。

格式：su [选项]<用户名>

功能：转换当前用户到指定的用户账户。root 用户可以转换到任何用户而不需要输入该用户口令，普通用户转换为其他用户时需要输入用户口令。

选项：

-,-l,--login 改变身份时，也同时变更工作目录，以及 HOME,SHELL,USER,LOGNAME。此外，也会变更 PATH 变量。

3.3　项目实施

1．项目实训环境准备

（1）较高配置的计算机一台；

（2）虚拟机 VMware 及 RHEL 6.4 虚拟机系统。

2．项目主要实训步骤

1）使用命令行模式实现账户管理

（1）以系统管理员身份 root 登录 Linux 系统。添加 mary、sofei、tom、rose4 个账户，并为它们设置登录密码。

```
[root@localhost ~]# useradd mary
[root@localhost ~]# passwd mary
[root@localhost ~]# useradd tom
[root@localhost ~]# passwd tom
[root@localhost ~]# useradd sofei
[root@localhost ~]# passwd sofei
[root@localhost ~]# useradd rose
[root@localhost ~]# passwd rose
```

（2）查看账户管理文件/etc/passwd。

```
[root@localhost ~]# tail -4 /etc/passwd
```

```
mary:x:516:516::/home/mary:/bin/bash
tom:x:517:517::/home/tom:/bin/bash
sofei:x:518:518::/home/sofei:/bin/bash
rose:x:519:519::/home/rose:/bin/bash
```

（3）查看密码管理文件/etc/shadow。

```
[root@localhost ~]# tail -4 /etc/shadow
mary:$6$dLrBJR1d$8Hf8/rN8WX/ot7npYcRkWwt1J2gLrqWMc4ZPd0WMFLEnC2wMAUf7Nrs1v
mczwCRvEQ6/wfaeMRBBqczxFOYoz1:16055:0:99999:7:::
                                                        …
```

（4）添加技术附属组 jishu。

```
[root@localhost ~]# groupadd jishu
```

（5）使用 gpasswd 命令把 mary、sofei、tom、rose 四个账户加入附属组 jishu 中。

```
[root@localhost ~]# gpasswd -a mary jishu
Adding user mary to group jishu
[root@localhost ~]# gpasswd -a tom     jishu
Adding user tom to group jishu
[root@localhost ~]# gpasswd -a sofei    jishu
Adding user sofei to group jishu
[root@localhost ~]# gpasswd -a rose     jishu
Adding user rose to group jishu
```

（6）查看组账户管理文件/etc/group。

```
[root@localhost ~]# tail -5 /etc/group
mary:x:516:
tom:x:517:
sofei:x:518:
rose:x:519:
jishu:x:506:mary,tom,sofei,rose
```

（7）使用 mary 账户进行登录。

```
[root@localhost ~]# su – mary
[mary@localhost ~]# pwd
/home/mary
```

2）使用图形模式实现账户管理

以 root 账号登录 GNOME 后，在 GNOME 桌面环境中单击左上角的主选按钮，单击"系统"→"管理"→"用户和组群"，出现"用户管理者"窗口，如图 3-1 所示。

在用户管理者界面中可以创建用户账号，修改用户账号和口令，删除账号，加入指定的组群等。

（1）以系统管理员身份 root 登录 Linux 系统。添加 mary、sofei、tom、rose4 个账户，并为它们设置登录密码。

在图 3-1 所示"用户管理者"界面中单击"添加用户"按钮，出现"添加新用户"窗口，在相应位置输入用户名、全称、密码、主目录等，最后单击"确定"按钮，新用户即可建立，如图 3-2 所示。

图 3-1　"用户管理者"窗口

图 3-2　"添加新用户"窗口

（2）查看或修改用户账号和口令。在"用户管理者"的用户列表中选定要修改用户账号和密码的账号，单击"属性"按钮，出现"用户属性"窗口，选择"用户数据"选项卡，修改该用户的账号（用户名）和密码，单击"确定"按钮即可，如图 3-3 所示。

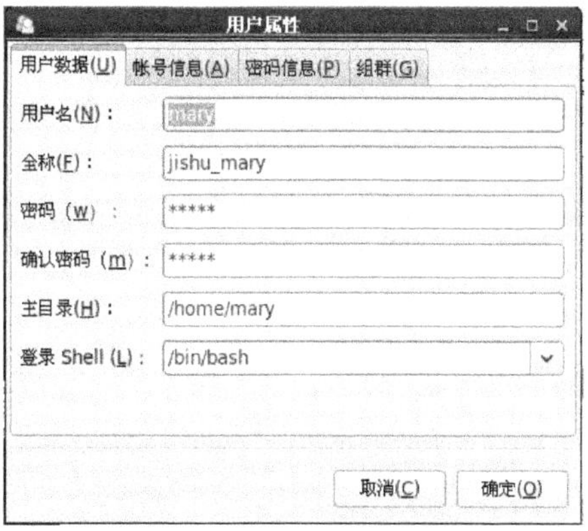

图 3-3　"用户属性"窗口

（3）添加技术附属组 jishu。

在"用户管理者"窗口单击"添加组群"，弹出如图 3-4 所示的"添加新组群"窗口，添加 jishu 组群。

图 3-4　添加附属组 jishu

（4）把 mary、sofei、tom、rose 四个账户加入附属组 jishu 中。

在"用户管理者"中选择"组群"选项卡，选定要添加组群成员的组群名，如图 3-5 所示，单击"属性"按钮，出现"组群属性"对话框，如图 3-6 所示。单击"组群用户"选项卡，出现"组群用户"界面，在用户列表中选择要加入组群的用户，即在用户名左边的方框内出现"√"，然后单击"确定"按钮，组群中即可添加新成员。随后在用户管理者中可以看见新创建的组群中加入了新选定的用户，如图 3-7 所示。

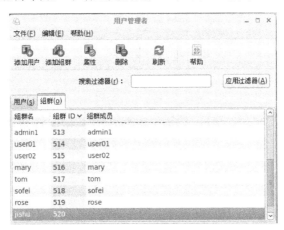

图 3-5　选定 jishu 组

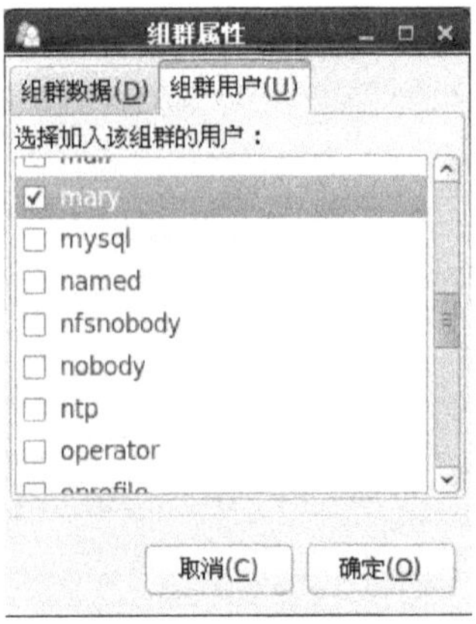

图 3-6　添加用户成员

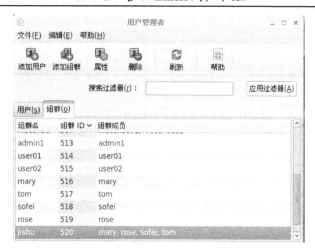

图 3-7　成功添加组成员

　　如果删除用户账号或组群。在"用户管理者"中选定欲删除的用户名或群组名，单击"删除"按钮，即可删除用户账号或组账号。

项目 4　管理 Linux 文件系统

4.1　项目提出

公司技术部 john 和 mike 共同进行项目 project 的研发。要求这两个用户在同一工作目录下进行工作，即 john 和 mike 具有该工作目录的完全权限，且该目录不许其他人进入查阅。

4.2　项目分析

1．项目实训目的

（1）掌握 Linux 文件系统结构。
（2）掌握 Linux 系统的文件权限管理，磁盘和文件系统管理工具。
（3）掌握 Linux 系统的权限管理的应用。

2．项目实现功能

练习 chmod、chown 等命令的使用。

3．项目方案

在系统中创建 2 个账户，分别是 john 和 mike，除了各自主组群之外还共同属于 project 附属组群。设共同工作目录为/projects/ahome。由于 john 和 mike 有编辑或修改相同文件的要求，因此要为 ahome 设置 SGID 的特殊权限。john 和 mike 的用户属组关系如图 4-1 所示。

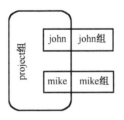

图 4-1　用户属组关系

4．项目主要应用的技术介绍

1）文件与目录名称

文件或目录在 Linux 中的命名规则很简单，以字母、数字或符号组成。中间不能使用空格，而文件名称的长度最长可以达到 256 个字符，考虑到与其他版本 Linux 或其他操作系统的兼容性，一般建议将文件名限制在 14 个字符以内。

文件名或目录名以"．"符号来分隔出扩展名，如 myfile.txt。在一般的使用习惯下，特定类型的文件会使用扩展名标示；然而对 Linux 系统而言，一个文件的类型是按其内容决定的，扩展名只是方便用户标识文件。判断文件类型的方法是使用 file 命令。

此外，有一些符号字符对 Shell 有特殊意义，应该尽量避免在文件名中使用。这些符号中有一些是通配符，有一些是具有特殊含义的转义字符，如*、/、\、[]、（）、?和$等符号。

2）文件与目录的属性

在登录系统后可以查看工作目录下的文件和子目录。

```
[root@localhost ~]# ls –l
总计 116000
-rw-r--r-- 1 root root         16 11-23 06:33 aa.txt
-rw------- 1 root root       1765 2012-02-17 anaconda-ks.cfg
drwxr-xr-x 2 root root       4096 11-23 06:11 d
drwxr-xr-x 3 root root       4096 11-23 02:34 Desktop
-rw-r--r-- 1 root root      42888 2012-02-17 install.log
-rw-r--r-- 1 root root       5502 2012-02-17 install.log.syslog
```

下面以 anaconda-ks.cfg 文件为例进行介绍，如图 4-2 所示。

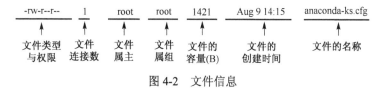

图 4-2　文件信息

（1）文件类型与权限：该字段共有 10 个字符，第一个字符表示文件的类型，剩下的 9 个字符表示文件的权限。第一个字符所代表的文件类型。第一个字符所代表的文件类型如表 4-1 所示。

表 4-1　文件类型

字符	类型	字符	类型
-	普通文件	s	Socket 套接字文件
d	目录	p	命名管道 FIFO 文件
b	块专用文件（Block-Special File）	l	符号连接文件
c	字符专用文件（Character-Special File）		

（2）一般权限。

anaconda-ks.cfg 文件属性的第 2～10 个字符表示文件的访问权限。这 9 个字符每 3 个为一组，左边 3 个字符表示所有者权限，中间 3 个字符表示与所有者同一组的用户的权限，右边 3 个字符是其他用户的权限。代表的意义如下：

① 字符 2、3、4 表示该文件所有者的权限，有时也简称为 u（User）的权限。

② 字符 5、6、7 表示该文件所有者所属组的组成员的权限。例如，此文件拥有者属于"user1"组群，该组群中有 6 个成员，表示这 6 个成员都有此指定的权限，简称为 g（Group）的权限。

③ 字符 8、9、10 表示该文件所有者所属组群以外的用户权限,简称为 o(Others)的权限。

权限分为3种类型:

① r(Read,读取):对文件而言,具有读取文件内容的权限;对目录来说,具有浏览目录的权限。

② w(Write,写入):对文件而言,具有新增、修改文件内容的权限;对目录来说,具有删除、移动目录内文件的权限。

③ x(execute,执行):对文件而言,具有执行文件的权限;对目录来说该用户具有进入目录的权限。

④ -:表示不具有该项权限。

(2)连接数:表示该文件或目录所建立的连接的数量。

(3)属主:表示拥有该文件或目录的用户账号。

(4)属组:表示拥有该文件或目录的组账号。

(5)文件的容量:默认以 Byte(B)为单位进行计算,表示该文件的大小。

(6)创建时间:创建这个文件或目录的日期和时间。

(7)文件名:文件或目录的名称。

3)特殊权限

文件还具有 3 种特殊的权限 SUID、SGID 和 SBit,这 3 种权限为文件的访问控制提供了更为灵活的应用。

(1)SetUID。

SetUID 简写为 SUID,一个文件如果具有该权限,则普通用户在执行该文件时将具有该文件属主的权限。该权限借用文件属主的 x 位表示,一旦文件被设置为 SetUID,则文件权限中属主的 x 位将变为 s;如果文件权限中属主的 x 未被设置,则使用 S(大写字母)。

(2)SetGID。

SetGID 简写为 SGID,与 SUID 类似,一个文件如果具有该权限,则普通用户在执行该文件时将具有该文件属组的权限。SGID 可以应用在两个方面。

① 应用于文件:如果 SGID 设置在二进制文件,则不论用户是谁,在执行该程序时,它的有效用户组为该程序的属组。

② 应用于目录:如果 SGID 设置在目录上,则在该目录中建立的文件或子目录的属组将会是该目录的属组。

该权限借用文件或目录的属组权限中的 x 位表示。一旦文件被设置 SetGID,则文件或目录权限中属组的 x 位将变为 s;如果文件或目录权限中属组的 x 未被设置,则使用 S(大写字母)。SGID 往往应用于合作项目所属的文件或目录中,在系统管理中很少使用。

(3)Sticky Bit。

Sticky Bit 简写为 SBit,当前只针对目录有效,对文件没有效果。SBit 权限的作用是,在具有 SBit 权限的目录下,用户如果对该目录有 w 和 x 权限,则当用户在该目录下建立文件或目录时,只有文件的属主和 root 才有权利删除。

特殊权限的设置可使用数字表示法和文字表示法。数字表示法是指将 SUID、SGID 和

SBit 分别以 4、2、1 来表示，没有授予的部分就表示为 0，然后再把所授予的权限相加而成，放在一般权限数字之前，如 2770。文字表示法是指将 SUID、SGID 和 SBit 分别以 s、s、t 来表示。

4）权限掩码

使用不带任何选项的 umask 命令，可以显示当前的默认权限掩码值。使用带有选项 S 的 umask 命令，可以显示新建目录的默认权限。

```
[root@localhost ~]# umask
0022
[root@localhost ~]# umask -S
u=rwx,g=rx,o=rx
```

umask 命令的输出结果 0022 实际上是一个掩码，其表示的权限位如图 4-3 所示。

0	0	2	2
特殊权限默认值掩码	属主权限默认值掩码	属组权限默认值掩码	其他用户权限默认值掩码

图 4-3　掩码的结构

第 1 位表示的是特殊权限的默认掩码。

第 2 位表示的是属主权限的默认掩码，即属主默认的权限。

第 3 位表示的是属组权限的默认掩码，即属组默认的权限。

第 4 位表示的是其他用户权限的默认掩码。即其他用户默认的权限。

Linux 中目录的默认权限是 777，文件的默认权限是 666，但出于安全原因系统不允许文件的默认权限有执行权。因此，有以下公式：新目录的实际权限=777−默认权限掩码；新文件的权限=666−默认权限掩码。这里先不讨论特殊权限默认掩码。看下面例题：

```
[root@localhost ~]# touch /home/a.txt
[root@localhost ~]# ll /home/a.txt
-rw-r--r-- 1 root root 0 03-21 00:15 /home/a.txt
```

新建的 a.txt 的权限值是 644，即 644=666−022。

注意：超级用户 root 的默认权限掩码值是 0022，普通用户的默认权限掩码值是 0002。所以普通用户创建的文件的权限值为 664，创建的目录的权限值为 775。

5）目录属性的意义

对于文件属性中的读、写和执行等权限，其含义比较好理解。但是对于目录而言，读、写和执行究竟包含有哪些可提供的操作呢？

（1）目录的读属性：表示具有读取目录结构清单的权限，使用 ls 命令可以将该目录中的文件和子目录的内容列出来。

（2）目录的写属性：表示具有更改目录结构清单的权限。包括以下操作：

① 建立新的文件与目录。

② 删除已经存在的文件与目录（不论该目录的属主是谁）。

③ 重命名目录和文件。

④ 移动目录中文件和子目录的位置。

（3）目录的执行权限：表示具有进入该目录的权限。

6）权限管理命令

（1）chmod 命令。

chmod 命令有两种设置方法。

① 文字设定法。

格式：chmod   [-R] <文字模式>   <文件或目录名>

功能：使用字母和操作符表达式来修改或设定文件的访问权限。

文字模式不同用户的表示：

u：user，表示所有者；

g：group，表示属组；

o：others，表示其他用户；

a：all，表示以上三种用户。

文字模式不同权限的表示：

r：read，可读；

w：write，写入；

x：execute，执行。

u：SUID、SGID

t：SBit

文字模式不同操作符号的表示：

+：添加某种权限；

−：减去某种权限；

=：赋予给定权限并取消原来的权限。

选项：-R 选项表示对目录中的所有文件或子目录进行递归操作。

② 数值设定法。

数字表示法是指将读取（r）、写入（w）和执行（x）分别以 4、2、1 来表示，没有授予的部分就表示为 0，然后再把所授予的权限相加而成。

格式：chmod   [-R]   <八进制模式>   <文件或目录名>

功能：使用八进制数字来设定文件的访问权限。

选项：-R 选项表示对目录中的所有文件或子目录进行递归操作。

（2）chown 命令。

格式：chown [选项] [所有者][:[组]] <文件或目录名>

功能：更改文件和目录的所有者和用户组。所有者和组之间用"："或"."隔开，如果只改变属组，使用如下格式：chown   :组   <文件或目录名>。

选项：-R 选项表示对目录中的所有文件或子目录进行递归操作。

（3）chgrp 命令。

格式：chgrp [选项] <组> <文件或目录>

　　功能：chgrp 命令可以改变文件或目录的属组，且可以同时改变多个文件或目录的属组。文件或目录的属主用户或 root 才有使用 chgrp 命令的权限。

　　参数：

-R 将目录下的子目录和文件一并修改属组属性。

4.3　项目实施

1．项目实训环境准备

（1）较高配置的计算机一台；

（2）虚拟机 VMware 及 RHEL 6.4 虚拟机系统。

2．项目主要实训步骤

（1）创建用户账户 john、mike 和组账户 project

```
[root@localhost ~]# groupadd project
[root@localhost ~]# useradd -G project john
[root@localhost ~]# passwd john
[root@localhost ~]# useradd -G project mike
[root@localhost ~]# passwd mike
```

（2）创建项目开发目录

```
[root@localhost ~]# mkdir -p /projects/ahome
[root@localhost ~]# ll -d /projects/ahome/
drwxr-xr-x 2 root root 4096 03-20 18:50 /projects/ahome/
```

　　（3）从步骤（2）发现 john 和 mike 都不能在该目录内建立文件，因此要进行权限与属性修改。由于其他人不能进入此目录，因此该目录群组为 project，权限为 770，即组内成员对该目录具有完整权限。

```
[root@localhost ~]# chgrp project /projects/ahome/
[root@localhost ~]# chmod 770 /projects/ahome/
[root@localhost ~]# ll -d /projects/ahome/
drwxrwx--- 2 root project 4096 03-20 18:50 /projects/ahome/
```

（4）测试

先用 john 建立文件，然后用 mike 进行编辑。

```
[root@localhost ~]# su - john
[john@localhost ~]$ cd /projects/ahome/
[john@localhost ahome]$ touch file1
[john@localhost ahome]$ exit
[root@localhost ~]# su mike
[mike@localhost root]$ cd /projects/ahome/
[mike@localhost ahome]$ ll file1
总计 4
-rw-rw-r-- 1 john john 0 03-20 18:54 file1
```

```
[mike@localhost ahome]$ vi file1
```

mike 使用 vi 编辑 file1 显示只读。由于文件 file1 的属组是 john，mike 属于其他用户（others），因此 mike 只有只读权限，无法编辑 file1，就不能实现共同研发的目的。解决办法是使用特殊权限。

（5）加入 SGID 的权限

```
[root@localhost ~]# chmod 2770 /projects/ahome/
[root@localhost ~]# ll -d /projects/ahome/
drwxrws--- 2 root project 4096 03-20 18:56 /projects/ahome/
```

（6）再测试

先用 john 建立文件，然后用 mike 进行编辑。

```
[root@localhost ~]# su - john
[john@localhost ~]$ cd /projects/ahome/
[john@localhost ahome]$ touch file2
[john@localhost ahome]$ ll file2
-rw-rw-r-- 1 john project 0 03-20 18:58 file2
[john@localhost ahome]$ exit
[root@localhost ~]# su - mike
[mike@localhost ~]$ cd /projects/ahome/
[mike@localhost ahome]$ vi file2
```

由于普通用户的默认权限掩码是 002，所以新建文件的权限是 666–002=664，同组用户权限是 rw-，即同组用户可以进行读和新建、编辑、删除等操作。

由以上分析可知 mike 可以使用 vi 编辑 file2。

项目 5 管理 Linux 磁盘

5.1 项目提出

公司为 Linux 服务器新增了一块硬盘 sdb 和光驱，拓展磁盘空间，同时能够访问 U 盘等移动设备，要求进行相应设置实现对硬盘、光盘、U 盘等存储设备的访问。

5.2 项目分析

1．项目实训目的

（1）掌握 Linux 下文件系统的创建、挂载与卸载。
（2）掌握文件系统的自动挂载。

2．项目实现功能

练习 Linux 系统下文件系统的创建、挂载与卸载及自动挂载的实现。

3．项目方案

使用 fdisk 命令创建主分区/dev/sdb1 和扩展分区/dev/sdb2，在扩展分区中创建逻辑分区/dev/sdb5，使用 mkfs 命令创建两个分区 sdb1 和 sdb5 的文件系统为 ext4。然后用 fsck 命令进行检查；最后，把这两个文件分区挂载到系统上。光盘挂载指定文件系统类型为 iso9660，U 盘挂载要注意对汉字的支持，字符集设置为 utf8。

4．项目主要应用的技术介绍

1）文件系统

文件系统（File System）是操作系统在磁盘上存储与管理文件的方法和数据结构。文件系统可以有不同的格式，叫做文件系统类型（File System Types）。这些格式决定信息如何被存储为文件和目录。在 Linux 系统中，主要支持以下几种类型的文件系统。在 /proc/filesystems 这个文件中，可以看到系统支持的所有文件系统类型。

（1）ext2、ext3 和 ext4。

ext2 文件系统（second extended filesystem，第二代扩展文件系统）是 Linux 中标准的文件系统。该文件系统是 Linux 中原来使用的 ext 文件系统的后续版本。

ext2 文件系统和其他 Linux 使用的文件系统非常相似。ext2 文件系统的最大容量可达 16TB，文件名长度可达 255 个字符。

ext2 的核心是两个内部数据结构，即超级块（Superblock）和索引节点（Inode）。超级块是一个包含文件系统重要信息的表格，比如标签、大小、索引节的数量等，是对文件系统结构的基础性、全局性描述。因此，没有了超级块的文件系统将不可用。

　　索引节点是基本的文件级数据结构，文件系统中的每一个文件都可以在某一个索引节点中找到描述。索引节点描述的文件信息包括文件的创建和修改时间、文件大小、实际存放文件的数据块列表等。文件名字通过目录项（Directory Entry）关联到索引节点，目录项由"文件名字-inode"对构成。

　　ext3 是 ext2 文件系统的后续版本，是在 ext2 文件系统上加入了文件系统日志的管理机制，这样在系统出现异常断电等事件而停机后再次启动时，操作系统会根据文件系统的日志快速检测并恢复文件系统到正常状态，从而避免了像 ext2 文件那样需要对整个文件系统的磁盘空间进行扫描，大大提高了系统的恢复运行时间。

　　ext4 是一种针对 ext3 系统的扩展日志式文件系统，是专门为 Linux 开发的原始的扩展文件系统（ext 或 extfs）的第四版。Linux kernel 自 2.6.28 开始正式支持新的文件系统 ext4。ext 是 ext3 的改进版，修改了 ext3 中部分重要的数据结构，而不仅仅像 ext3 对 ext2 那样，只是增加了一个日志功能而已。ext4 可以提供更佳的性能和可靠性，还有更为丰富的功能。

　　（2）VFAT。

　　VFAT（Virtual File Allocation Table，虚拟文件分配表）是对 FAT 文件系统的扩展。VFAT 解决了长文件名问题，文件名可长达 255 个字符，支持文件日期和时间属性，为每个文件保留了文件创建日期和时间、文件最近被修改的日期/时间和文件最近被打开的日期/时间。为了同 MS-DOS 和 Windows 16 位程序兼容，它仍保留有扩展名。

　　在 Linux 中把 DOS/Windows 下的所有 FAT 文件系统统称为 VFAT，其中包括 FAT12、FAT16 和 FAT32。

　　（3）ISO9660。

　　ISO9660 是光盘所使用的国际标准文件系统，它定义了 CD-ROM 上文件和目录的格式。

　　（4）swap。

　　swap 文件系统在 Linux 中作为交换分区使用，交换分区用于操作系统实现虚拟内存，类似 Windows 下的页面文件。

　　在安装 Linux 操作系统时，交换分区是必须建立的，其类型一定是 swap，不需要定义交换分区在 Linux 目录结构中的挂载点。交换分区由操作系统自动管理，用户不需要对其进行过多的操作。

　　2）fdisk 命令

　　在创建新分区时需要注意以下事项。

　　（1）分区类型，对于一块硬盘而言，可创建 4 个主分区或 3 个主分区和一个扩展分区以及若干个逻辑分区。

　　（2）起始柱面号，是指分区由哪个柱面开始，可以使用默认值，该默认值可以保证分区的连续性。也可以输入用户自定义的起始柱面号。

　　（3）结束柱面号，是指分区在哪个柱面结束，这个值用来定义分区的容量。由于结束柱面换算为容量时比较复杂，所以此处可以输入"+分区的容量"。分区容量的表示可以直接输入分区容量值，单位是 B，也可以以 KB、MB 或 GB 为单位输入，如 2GB。

　　在创建主分区之后可以使用 t 命令来定义分区的文件系统类型，t 命令接受文件系统类型编码，若要查看文件系统类型编码可以使用"1"命令。

用 fdisk 命令对硬盘进行分区，可以在 fdisk 命令后面直接加上要分区的硬盘作为参数。

格式：fdisk [选项][磁盘设备名]

功能：硬盘分区

选项：-1 显示分区表信息。

fdisk 命令的使用分为两个部分：查询部分和交互部分。通过 fdisk device 即可进入命令交互操作界面，然后输入 m 显示交互操作下所有可使用的命令。

```
[root@localhost ~]# fdisk /dev/sdb
The number of cylinders for this disk is set to 7832.
There is nothing wrong with that, but this is larger than 1024,
and could in certain setups cause problems with:
1)   software that runs at boot time　（e.g., old versions of LILO）
2)   booting and partitioning software from other OSs
     （e.g., DOS FDISK, OS/2 FDISK）
Command　（m for help）：m
Command action
     a    toggle a bootable flag
     b    edit bsd disklabel
     c    toggle the dos compatibility flag
     d    delete a partition
     l    list known partition types
     m    print this menu
     n    add a new partition
     o    create a new empty DOS partition table
     p    print the partition table
     q    quit without saving changes
     s    create a new empty Sun disklabel
     t    change a partition's system id
     u    change display/entry units
     v    verify the partition table
     w    write table to disk and exit
     x    extra functionality　（experts only）
```

fdisk 命令选项如表 5-1 所示。

表 5-1　fdisk 命令选项

命令	功能	命令	功能
a	调整硬盘启动分区	q	不保存更改，退出 fdisk 命令
d	删除硬盘分区	t	更改分区类型
l	列出所有支持的分区类型	u	切换所显示的分区大小的单位
m	列出所有命令	w	把修改写入硬盘分区表，然后退出
n	创建新分区	x	列出高级选项
p	列出硬盘分区表		

3）mkfs 命令

mkfs 命令是一个命令集，会调用相关的具体格式化程序完成格式化操作。例如，格式化 ext2 文件系统时，mkfs 会调用/sbin/mkfs.ext2 这个工具程序来完成格式化操作；再如，格式化 FAT 文件系统时，mkfs 会调用/sbin/mkfs.vfat 这个工具程序来完成格式化操作。

格式：mkfs [选项] 文件系统

功能：建立文件系统。

选项：

-t：指定要创建的文件系统类型，如 ext3、ext4、fat32 等。

-c：建立文件系统前首先检查坏块。

-l file：从文件 file 中读磁盘坏块列表，file 文件一般是由磁盘坏块检查程序产生的。

-V：输出建立文件系统详细信息。

其他创建文件系统的命令：mkfs.ext4、mkfs.vfat 等。

4）fsck 命令

格式：fsck [选项] 文件系统

功能：检查文件系统的正确性

选项：-a：如果检查中发现错误，则自动修复。

5）mount 命令

在磁盘上建立好文件系统之后，还需要把新建立的文件系统挂载到系统上才能使用，这个过程称为挂载，文件系统所挂载到的目录被称为挂载点（Mount Point）。Linux 系统中提供了/mnt 和/media 两个专门的挂载点。

一般而言，挂载点应该是一个空目录，否则目录中原来的文件将被系统隐藏。通常将光盘和软盘挂载到/media/cdrom（或者/mnt/cdrom）和/media/floppy（或者/mnt/floppy）中，其对应的设备文件名分别为/dev/cdrom 和/dev/fd0。

格式：mount   <设备> <挂载点>

功能：文件系统挂载。

选项：

-t：指定要挂载的文件系统的类型；

-r：如果不想修改要挂载的文件系统，可以使用该选项以只读方式挂载；

-w：以可写的方式挂载文件系统；

-a：挂载/etc/fstab 文件中记录的设备。

例如：[root@localhost ~]# mount /dev/sdb1 /mnt/mnt_point1

下面介绍一下自动挂载。

系统引导时会读取/etc/fstab 文件，并对文件中的文件系统进行挂载。/etc/fstab 文件的内容分为六列，含义如下：

① 第一列表示设备名或者设备卷标名，如/dev/sdb1。

② 第二列表示设备挂载目录，如/mnt/mnt_point1。

③ 第三列表示设备文件系统，如 ext4、ext3。

④ 第四列表示挂载参数，指定加载该设备的文件系统是需要使用的特定参数选项，多个参数是由逗号分隔开来。对于大多数系统使用"defaults"就可以满足需要。

⑤ 第五列指明是否要备份，0 为不备份，1 为要备份，一般根分区要备份。

⑥ 第六列指明自检顺序，0 为不自检，1 或者 2 为要自检，如果是根分区要设为 1，其他分区只能是 2。

6）umount 命令

　　　格式：umount [选项]<设备名称或挂载点>

功能：卸载文件系统

文件系统可以被挂载也可以被卸载。

例如：[root@localhost ~]# umount /mnt/mnt_point1

7）df 命令

　　　格式：df [选项] <磁盘分区名或目录名>

功能：查看文件系统磁盘空间的使用情况。

选项：

-a：显示所有文件系统（分区）的容量信息。

-h：以易读的方式显示容量的单位信息，包括 KB、MB 和 GB。

磁盘分区名：显示特定文件系统分区的容量信息。

目录名：显示目录所在分区文件系统的容量信息。

下面是磁盘 sda 分区情况：

```
[root@localhost ~]# df -h
文件系统          容量    已用    可用    已用%    挂载点
/dev/sda7        4.1G    646M    3.3G    17%      /
/dev/sda5        2.9G    142M    2.6G    6%       /var
/dev/sda3        4.8G    139M    4.4G    4%       /home
/dev/sda2        5.7G    3.2G    2.3G    60%      /usr
/dev/sda1        99M     13M     81M     14%      /boot
tmpfs            885M    0       885M    0%       /dev/shm
none             885M    104K    885M    1%       /var/lib/xenstored
/dev/hdc         3.0G    3.0G    0       100%     /media/RHEL_6.4 i386 Disc 1
```

5.3　项目实施

1．项目实训环境准备

（1）较高配置的计算机一台；

（2）虚拟机 VMware 及 RHEL 6.4 虚拟机系统。

2．项目主要实训步骤

（1）为机器连接硬盘，或在 Vmware Workstation 中添加一块 20GB 的虚拟硬盘，如图 5-1 所示。

（2）以 root 身份登录 Linux 系统，使用"fdisk -l"命令显示当前分区信息。

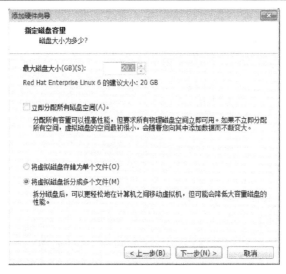

图 5-1　添加一块 20GB 虚拟硬盘

（3）创建/dev/sdb1 和/dev/sdb5。

① 使用 fdisk 命令创建/dev/sdb1 主分区。

```
[root@localhost ~]# fdisk /dev/sdb
WARNING: DOS-compatible mode is deprecated. It's strongly recommended to
            switch off the mode （command 'c'） and change display units to
            sectors （command 'u'）.
Command （m for help）: n
Command action
    e   extended
    p   primary partition （1-4）
p
Partition number （1-4）: 1
First cylinder （1-2610, default 1）: 1
Last cylinder, +cylinders or +size{K,M,G} （1-2610, default 2610）: 1000
```

② 使用 fdisk 命令创建/dev/sdb2 扩展分区。

```
Command （m for help）: n
Command action
    e   extended
    p   primary partition （1-4）
e
Partition number （1-4）: 2
First cylinder （1001-2610, default 1001）:
Using default value 1001
Last cylinder, +cylinders or +size{K,M,G} （1001-2610, default 2610）:
Using default value 2610
```

③ 使用 fdisk 命令创建/dev/sdb5 逻辑分区。

Command　（m for help）：n
Command action
　　l　　logical　（5 or over）
　　p　　primary partition　（1-4）
l
First cylinder　（1001-2610, default 1001）：
Using default value 1001
Last cylinder, +cylinders or +size{K,M,G}　（1001-2610, default 2610）：
Using default value 2610

Command　（m for help）：p

Disk /dev/sdb: 21.5 GB, 21474836480 bytes
255 heads, 63 sectors/track, 2610 cylinders
Units = cylinders of 16065 * 512 = 8225280 bytes
Sector size　（logical/physical）: 512 bytes / 512 bytes
I/O size　（minimum/optimal）: 512 bytes / 512 bytes
Disk identifier: 0x6c3e15dd

Device Boot	Start	End	Blocks	Id	System
/dev/sdb1	1	1000	8032468+	83	Linux
/dev/sdb2	1001	2610	12932325	5	Extended
/dev/sdb5	1001	2610	12932293+	83	Linux

④　输入子命令 w，把设置写入硬盘分区表，退出 fdisk 并重新启动系统。

Command　（m for help）：w
The partition table has been altered!

Calling ioctl（）　to re-read partition table.
Syncing disks.

⑤　用 mkfs 命令在上述刚刚创建的分区上创建 ext3 文件系统和 vfat 文件系统。

[root@localhost ~]# mkfs.ext4 /dev/sdb1
mke2fs 1.41.12　（17-May-2010）
文件系统标签=
操作系统:Linux
块大小=4096　（log=2）
分块大小=4096　（log=2）
Stride=0 blocks, Stripe width=0 blocks
502944 inodes, 2008117 blocks
100405 blocks　（5.00%）　reserved for the super user
第一个数据块=0
Maximum filesystem blocks=2059403264
62 block groups
32768 blocks per group, 32768 fragments per group
8112 inodes per group

Superblock backups stored on blocks:
        32768, 98304, 163840, 229376, 294912, 819200, 884736, 1605632

正在写入 inode 表: 完成
Creating journal （32768 blocks）: 完成
Writing superblocks and filesystem accounting information: 完成

This filesystem will be automatically checked every 23 mounts or
180 days, whichever comes first.   Use tune2fs -c or -i to override.
[root@localhost ~]# mkfs.ext4 /dev/sdb5
mke2fs 1.41.12 （17-May-2010）
文件系统标签=
操作系统:Linux
块大小=4096 （log=2）
分块大小=4096 （log=2）
Stride=0 blocks, Stripe width=0 blocks
809424 inodes, 3233073 blocks
161653 blocks （5.00%）   reserved for the super user
第一个数据块=0
Maximum filesystem blocks=3313500160
99 block groups
32768 blocks per group, 32768 fragments per group
8176 inodes per group
Superblock backups stored on blocks:
        32768, 98304, 163840, 229376, 294912, 819200, 884736, 1605632, 2654208

正在写入 inode 表: 完成
Creating journal （32768 blocks）: 完成
Writing superblocks and filesystem accounting information: 完成

This filesystem will be automatically checked every 36 mounts or
180 days, whichever comes first.   Use tune2fs -c or -i to override.

⑥ 用 fsck 命令检查上面创建的文件系统。

[root@localhost ~]# fsck /dev/sdb1
fsck from util-linux-ng 2.17.2
e2fsck 1.41.12 （17-May-2010）
/dev/sdb1: clean, 11/502944 files, 68760/2008117 blocks
[root@localhost ~]# fsck /dev/sdb5
fsck from util-linux-ng 2.17.2
e2fsck 1.41.12 （17-May-2010）
/dev/sdb5: clean, 11/809424 files, 91471/3233073 blocks

（4）挂载/dev/sdb1 和/dev/sdb5。

① 使用 mkdir 命令在/mnt 目录下创建两个子目录即挂载点 mnt_point1、mnt_point2，
并使用 mount 命令将分区 sdb1 挂载到 mnt_point1 上，将分区 sdb5 挂载到 mnt_point2 上。

```
[root@localhost ~]# mkdir /mnt/mnt_point1
[root@localhost ~]# mkdir /mnt/mnt_point2
[root@localhost ~]# mount /dev/sdb1 /mnt/mnt_point1
[root@localhost ~]# mount /dev/sdb5 /mnt/mnt_point2
```

② 使用 mount 命令列出挂载到系统上的分区，查看挂载是否成功。

```
[root@localhost ~]# mount
/dev/sda3 on / type ext4 （rw）
proc on /proc type proc （rw）
sysfs on /sys type sysfs （rw）
devpts on /dev/pts type devpts （rw,gid=5,mode=620）
tmpfs on /dev/shm type tmpfs （rw,rootcontext="system_u:object_r:tmpfs_t:s0"）
/dev/sda1 on /boot type ext4 （rw）
/dev/sda7 on /home type ext4 （rw）
/dev/sda2 on /usr type ext4 （rw）
/dev/sda6 on /var type ext4 （rw）
none on /proc/sys/fs/binfmt_misc type binfmt_misc （rw）
/etc/named on /var/named/chroot/etc/named type none （rw,bind）
/var/named on /var/named/chroot/var/named type none （rw,bind）
/etc/named.conf on /var/named/chroot/etc/named.conf type none （rw,bind）
/etc/named.rfc1912.zones on /var/named/chroot/etc/named.rfc1912.zones type none （rw,bind）
/etc/rndc.key on /var/named/chroot/etc/rndc.key type none （rw,bind）
/usr/lib/bind on /var/named/chroot/usr/lib/bind type none （rw,bind）
/etc/named.iscdlv.key on /var/named/chroot/etc/named.iscdlv.key type none （rw,bind）
/etc/named.root.key on /var/named/chroot/etc/named.root.key type none （rw,bind）
sunrpc on /var/lib/nfs/rpc_pipefs type rpc_pipefs （rw）
gvfs-fuse-daemon on /root/.gvfs type fuse.gvfs-fuse-daemon （rw,nosuid,nodev）
/dev/sr0 on /media/RHEL_6.4 i386 Disc 1 type iso9660 （ro,nosuid,nodev,uhelper=udisks,uid=0,
gid=0,iocharset=utf8,mode=0400,dmode=0500）
/dev/sdb1 on /mnt/mnt_point1 type ext4 （rw）
/dev/sdb5 on /mnt/mnt_point2 type ext4 （rw）
```

③ 使用 umount 命令卸载上面的两个分区。

```
[root@localhost ~]# umount /mnt/mnt_point1
[root@localhost ~]# umount /mnt/mnt_point2
```

（5）实现/dev/sdb1 和/dev/sdb5 的自动挂载。

① 编辑系统文件/etc/fstab 文件，把上面两个分区加入/etc/fstab 文件。

```
#
# /etc/fstab
# Created by anaconda on Sun Nov   3 16:04:15 2013
#
# Accessible filesystems, by reference, are maintained under '/dev/disk'
# See man pages fstab （5）, findfs （8）, mount （8）  and/or blkid （8）  for more info
#
UUID=8c8c77c7-46ee-4f8d-a8da-d208c6c5a947 /                ext4       defaults        1 1
```

UUID=4c49b47d-258d-4cbe-927d-7255ad76e7f5 /boot		ext4	defaults	1 2
UUID=4c5fc34a-82a5-4755-b7a1-9d82a867bbc1 /home		ext4	defaults	1 2
UUID=f5c66db7-b173-4819-ae89-aedd2df9479d /usr		ext4	defaults	1 2
UUID=4201913b-6a72-48a2-86c0-68a950f8cfe2 /var		ext4	defaults	1 2
UUID=1164ad81-6898-4b7a-a49e-c173c0bf1fb7 swap		swap	defaults	0 0
tmpfs	/dev/shm	tmpfs	defaults	0 0
devpts	/dev/pts	devpts	gid=5,mode=620	0 0
sysfs	/sys	sysfs	defaults	0 0
proc	/proc	proc	defaults	0 0
/dev/sdb1	/mnt/mnt_point1	ext4	defaults	0 0
/dev/sdb5	/mnt/mnt_point2	ext4	defaults	0 0

② 重新启动系统，显示已经挂载到系统上的分区，检查设置是否成功。

```
[root@localhost ~]# mount
/dev/sda3 on / type ext4 （rw）
proc on /proc type proc （rw）
sysfs on /sys type sysfs （rw）
devpts on /dev/pts type devpts （rw,gid=5,mode=620）
tmpfs on /dev/shm type tmpfs （rw,rootcontext="system_u:object_r:tmpfs_t:s0"）
/dev/sda1 on /boot type ext4 （rw）
/dev/sda7 on /home type ext4 （rw）
/dev/sda2 on /usr type ext4 （rw）
/dev/sda6 on /var type ext4 （rw）
/dev/sdb1 on /mnt/mnt_point1 type ext4 （rw）
/dev/sdb5 on /mnt/mnt_point2 type ext4 （rw）
none on /proc/sys/fs/binfmt_misc type binfmt_misc （rw）
/etc/named on /var/named/chroot/etc/named type none （rw,bind）
/var/named on /var/named/chroot/var/named type none （rw,bind）
/etc/named.conf on /var/named/chroot/etc/named.conf type none （rw,bind）
/etc/named.rfc1912.zones on /var/named/chroot/etc/named.rfc1912.zones type none （rw,bind）
/etc/rndc.key on /var/named/chroot/etc/rndc.key type none （rw,bind）
/usr/lib/bind on /var/named/chroot/usr/lib/bind type none （rw,bind）
/etc/named.iscdlv.key on /var/named/chroot/etc/named.iscdlv.key type none （rw,bind）
/etc/named.root.key on /var/named/chroot/etc/named.root.key type none （rw,bind）
sunrpc on /var/lib/nfs/rpc_pipefs type rpc_pipefs （rw）
gvfs-fuse-daemon on /root/.gvfs type fuse.gvfs-fuse-daemon （rw,nosuid,nodev）
/dev/sr0 on /media/RHEL_6.4 i386 Disc 1 type iso9660 （ro,nosuid,nodev,uhelper=udisks,uid=0,
gid=0,iocharset=utf8,mode=0400,dmode=0500）
```

（6）挂载光盘。

① 取一张光盘放入光驱中，将光盘挂载到/media/dvdrom 目录下。查看光盘中的文件。

```
[root@localhost ~]# mkdir /media/dvdrom
[root@localhost ~]# mount /dev/sr0 -t iso9660 /media/dvdrom
mount: block device /dev/sr0 is write-protected, mounting read-only
[root@localhost ~]# ll /media/dvdrom/
总用量 3273
```

```
lr-xr-xr-x. 1 root root         7 1 月   31 2013 EULA -> EULA_en
-r--r--r--. 3 root root   10726 11 月   7 2012 EULA_de
                       …
```

② 卸载光盘。

```
[root@localhost ~]# umount /media/dvdrom/
```

（7）挂载 U 盘。

利用与上述相似的命令完成 U 盘的挂载与卸载。

① 插入 U 盘后，在 Linux 的终端下输入"fdisk -l"命令查看 U 盘被系统识别的分区。然后建立一个挂载 usb 的挂载目录：

```
[root@localhost ~]# mkdir /mnt/usb
```

② 使用 mount 命令将 U 盘挂载在到/mnt/usb 目录下。

下面介绍 U 盘的挂载参数：

格式：mount [选项] <设备> <挂载点>

-t　指定设备的文件系统类型，在此，使用 -t vfat 是由于所使用 U 盘的文件系统类型是 fat32，如果是 ntfs 则使用-t ntfs。

-o　指定挂载文件系统时的选项，在此， -o iocharset=gb2312 设定中文字符集。如果系统 locale 是 zh_CN.UTF-8，相应命令应为 -o iocharset=utf8。

```
[root@localhost ~]# mount -t vfat /dev/sdc /mnt/usb -o iocharset=utf8
```

U 盘挂载成功，在目录/mnt/usb 目录下查看 U 盘的内容，命令如下：

```
[root@localhost ~]# ll /mnt/usb/
总用量 1139848
-rwxr-xr-x.   1 root root   15548928 2 月   14 2012 0001 园区网构建技术说课.ppt
-rwxr-xr-x.   1 root root    663126 3 月   13 2013 001 申报材料--工作报告 技术报告 申请
表.rar
                       …
```

③ U 盘的卸载。

命令 umount /mnt/usb 可以将 U 盘从指定目录下卸载。

注意：在卸载 U 盘时，终端必须从当前 U 盘的挂载目录下退出来，否则会显示用户忙。

项目 6　配置 Linux 基础网络

6.1　项目提出

为公司新增的 Linux 服务器，设置 TCP/IP 的信息，并连接到网络中。

6.2　项目分析

1．项目实训目的

（1）Linux 下 TCP/IP 网络的设置方法。
（2）使用命令检测网络配置。
（3）启用和禁用系统服务。

2．项目实现功能

练习 Linux 系统下 TCP/IP 网络设置，网络检测方法。

3．项目方案

使用 ifconfig、route 命令临时配置 TCP/IP 信息，也可使用 setup 命令或图形界面永久配置 TCP/IP 信息。使用 ifconfig、route 查看 IP 地址、网关信息，DNS 信息在文件 /etc/resolv.conf 文件中。

4．项目主要应用的技术介绍

1）网卡 IP 地址配置文件

网卡 IP 地址配置文件位于目录/etc/sysconfig/network-scripts/中，文件名以"ifcfg-"开头，后跟网络的类型（通常以太网用 eth 表示）加网卡序号（从 0 开始）。系统中以太网卡的配置文什名为"ifcfg-ethN"，其中 N 为从 0 开始的数字，如第一块以太网卡的配置文件名为 ifcfg-eth0，第二块以太网卡的配置文件名为 ifcfg-eth1，其他以此类推。

Linux 支持在一块物理网卡上绑定多个 IP 地址，需要建立多个网卡配置文件，其文件名形式为"ifcfg-ethN:M"，其中 N 和 M 都是相应的序号数字，如第一块以太网卡上的第一个虚拟网卡的配置文件名为 ifcfg-eth0:0。下面是 ifcfg-eth0 配置文件的内容：

```
[root@localhost ~]# cat /etc/sysconfig/network-scripts/ifcfg-eth0
# Advanced Micro Devices [AMD] 79c970 [PCnet32 LANCE]
DEVICE=eth0
BOOTPROTO=static
HWADDR=00:0c:29:cc:14:70
ONBOOT=yes
TYPE=Ethernet
```

NETMASK=255.255.255.0
IPADDR=192.168.1.1
GATEWAY=192.168.1.254

配置文件中每行进行一项内容设置，左边为项目名称，右边为项目设置值，中间用"="分隔。配置文件中各项目的含义如下所示。

（1）DEVICE：表示当前网卡设备的设备名称，如 eth0，eth0:0。

（2）BOOTPROTO：获取 IP 设置的方式，取值为 static、bootp 或 dhcp。

（3）BROADCAST：广播地址。

（4）HWADDR：该网络设备的 MAC 地址。

（5）IPADDR：该网络设备的 IP 地址。

（6）NETMASK：该网络设备的子网掩码。

（7）NETWORK：该网络设备所处网络的网络地址。

（8）GATEWAY：网卡的网关地址。

（9）ONBOOT：设置系统启动时是否启动该设备，取值为 yes 或 no。

（10）TYPE：该网络设备的类型。

2）etc/resolv.conf 文件

/etc/resolv.conf 文件是 DNS 客户端用于指定系统所用的 DNS 服务器的 IP 地址。在该文件中除了可以指定 DNS 服务器外，还可以设置当前主机所在的域以及 DNS 搜寻路径等。

resolv.conf 文件关键字主要有四个：

（1）nameserver。

表示解析域名时使用该地址指定的主机为域名服务器。其中域名服务器是按照文件中出现的顺序来查询的，且只有当第一个 nameserver 没有反应时才查询下面的 nameserver。

（2）domain。

声明主机的域名。很多程序用到它，如邮件系统；当为没有域名的主机进行 DNS 查询时，也要用到。如果没有域名，主机名将被使用，删除所有在第一个点（.）前面的内容。

（3）search。

它的多个参数指明域名查询顺序。当要查询没有域名的主机，主机将在由 search 声明的域中分别查找。domain 和 search 不能共存；如果同时存在，后面出现的将会被使用。

（4）sortlist。

允许将得到域名结果进行特定的排序。它的参数为网络/掩码对，允许任意的排列顺序。最主要是 nameserver 关键字，如果没指定 nameserver 就找不到 DNS 服务器，其他关键字是可选的。

3）hostname 命令

格式：hostname [主机名]

功能：显示或修改主机名。

4）ifconfig 命令

　　　　格式：ifconfig [网络设备][IP 地址] [MAC 地址] [netmask 掩码地址] [broadcast 广播地址]
[up/down]

功能：临时性配置网卡的 IP 地址、掩码、广播地址等，显示目前网络设置。

例如：[root@localhost ~]# ifconfig eth0 192.168.1.5 netmask 255.255.255.0 up

注意：当需要显示系统的路由信息时，可以使用 route 命令，该命令在不添加任何参
数时将显示当前的路由信息。

```
[root@localhost ~]# ifconfig
eth0        Link encap:Ethernet    HWaddr 00:0C:29:CC:14:70
            inet addr:192.168.1.1   Bcast:192.168.1.255   Mask:255.255.255.0
            inet6 addr: fe80::20c:29ff:fecc:1470/64 Scope:Link
            UP BROADCAST RUNNING MULTICAST    MTU:1500    Metric:1
            RX packets:751 errors:0 dropped:0 overruns:0 frame:0
            TX packets:89 errors:0 dropped:0 overruns:0 carrier:0
            collisions:0 txqueuelen:0
            RX bytes:65099  （63.5 KiB）    TX bytes:14784  （14.4 KiB）
```

其中：

Link encap：连接的网络设备类型，如 Ethemet 表示以太网。

HWaddr：网络设备的 MAC 地址。

inet addr：IP 地址。

inet6 addr：IPv6 地址。

Bcast：广播地址。

Mask：子网掩码。

UP：处于连接、活动状态。

BROADCAST：可以接收广播数据包。

RUNNING：网络设备在运行。

MULTICAST：支持多路广播。

MTU：最大传输单位。

RX：接收数据包的相关数据。

TX：发送数据包的相关数据。

5）route 命令

　　　　格式：route add [-net|-host] [网域或主机] netmask [mask] [gw]

功能：添加路由。

选项：

-net：表示后面接的路由为一个网络；

-host：表示后面接的为连接到单部主机的路由；

netmask：与网络有关，可以设定 netmask 决定网络的大小；

gw：gateway 的简写，后续接的是 IP 地址。

注意：

① 默认路由 default=0.0.0.0/0.0.0.0。

例如：[root@localhost ~]# route add default gw 192.168.1.254

② 查看路由信息，使用命令：

    [root@localhost ~]# route

使用 ifup 和 ifdown 命令管理接口。

在设置了网络接口的配置文件之后，系统启动时，将自动配置并启动接口，系统管理员也可以使用 ifdown eth0 禁用 eth0 接口；使用 ifup eth0 重新启用 eth0 接口。

    [root@tocalhost root]#ifdown eth0

调用 ifdown eth0 命令后，eth0 接口被禁用；

    [root@localhost root]# ifup eth0

使用 ifup eth0 命令重新启用 eth0 之后，接口从网络设备的配置文件中读取网络接口的信息来配置网络。

6）ping 命令

    格式：ping [选项] <主机名或 IP 地址>

功能：ping 命令使用 ICMP（因特网控制消息协议）传输协议。Linux 系统中，ping 命令向某一个要测试的 IP 地址持续发出 ICMP 数据包，并等待远端主机响应数据包，若网络连接正常，ping 命令会收到 ICMP 响应答复。要终止 ping 命令的测试，按 Ctrl+C 组合键。

选项：

-c 设置发送 ICMP 数据包的次数。

-i 指定发送 ICMP 数据包的间隔时间，默认为 1s。

-I 使用指定的网络接口发送数据包。

-R 记录路由过程。

-s 指定 ICMP 数据包的大小，默认为 64B。

-t Ping 指定的计算机直到中断。

-n count 发送 count 指定的 ECHO 数据包数。默认值为 4。

-l length 发送包含由 length 指定的数据量的 ECHO 数据包。默认为 32 字节；最大值是 65,527。

例如，测试与新浪的连接性，可输入：

    [root@localhost root]# ping www.sina.com

测试本机网络接口的连通性，可输入：

    [root@localhost root]#ping 127.0.0.1

6.3 项目实施

1. 项目实训环境准备

（1）较高配置的计算机一台；

（2）虚拟机 VMware 及 RHEL 6.4 虚拟机系统。

2．项目主要实训步骤

1）使用命令设置 TCP/IP 信息（临时配置）

（1）设置 IP 地址及子网掩码。

① 查看网络接口 eth0 的配置信息。

```
[root@localhost ~]# ifconfig eth0
eth0      Link encap:Ethernet   HWaddr 00:0C:29:2E:8E:FA
          inet6 addr: fe80::20c:29ff:fe2e:8efa/64 Scope:Link
          UP BROADCAST MULTICAST   MTU:1500   Metric:1
          RX packets:44423 errors:0 dropped:0 overruns:0 frame:0
          TX packets:28313 errors:0 dropped:0 overruns:0 carrier:0
          collisions:0 txqueuelen:1000
          RX bytes:16430344 （15.6 MiB）   TX bytes:4596531 （4.3 MiB）
          Interrupt:19 Base address:0x2000
```

② 为此网络接口设置 IP 地址、广播地址、子网掩码、并启动此网络接口。利用 ifconfig
命令查看系统中已经启动的网络接口。仔细观察所看到的现象，记录启动的网络接口。

```
[root@localhost ~]# ifconfig eth0 192.168.1.5 netmask 255.255.255.0 up
[root@localhost ~]# ifconfig eth0
eth0      Link encap:Ethernet   HWaddr 00:0C:29:2E:8E:FA
          inet addr:192.168.1.5  Bcast:192.168.1.255   Mask:255.255.255.0
          inet6 addr: fe80::20c:29ff:fe2e:8efa/64 Scope:Link
          UP BROADCAST MULTICAST   MTU:1500   Metric:1
          RX packets:44423 errors:0 dropped:0 overruns:0 frame:0
          TX packets:28313 errors:0 dropped:0 overruns:0 carrier:0
          collisions:0 txqueuelen:1000
          RX bytes:16430344 （15.6 MiB）   TX bytes:4596531 （4.3 MiB）
          Interrupt:19 Base address:0x2000
```

（2）设置网关和主机名。

① 显示系统的路由设置。

```
[root@localhost ~]# route
Kernel IP routing table
Destination     Gateway         Genmask         Flags Metric Ref    Use Iface
192.168.1.0     *               255.255.255.0   U     0      0        0 eth0
```

② 设置默认路由。并再次显示系统的路由设置，确认设置成功。

```
[root@localhost ~]# route add default gw 192.168.1.254
[root@localhost ~]# route
Kernel IP routing table
Destination     Gateway         Genmask         Flags Metric Ref    Use Iface
192.168.1.0     *               255.255.255.0   U     0      0        0 eth0
default         192.168.1.254   0.0.0.0         UG    0      0        0 eth0
```

③ 显示当前的主机名设置；并以自己姓名缩写重新设置主机名。再次显示当前的主机名设置，确认修改成功。

```
[root@localhost ~]# hostname
localhost.localdomain
[root@localhost ~]# hostname web
[root@localhost ~]# hostname
web
```

（3）网络设置检测。

ping 网关的 IP 地址，检测网络是否连通。

```
[root@localhost ~]# ping 192.168.1.254
PING 192.168.1.254 （192.168.1.254） 56（84） bytes of data.
64 bytes from 192.168.1.254: icmp_seq=1 ttl=64 time=1.21 ms
64 bytes from 192.168.1.254: icmp_seq=2 ttl=64 time=1.12 ms
^C
--- 192.168.1.254 ping statistics ---
    2 packets transmitted, 2 received, 0% packet loss, time 1994ms
    rtt min/avg/max/mdev = 1.128/1.173/1.218/0.045 ms
```

（4）设置域名解析。

① 编辑/etc/resolv.conf 文件，加入域名服务器的 IP 地址，设置动态域名解析。

```
[root@localhost ~]# echo "nameserver 222.222.222.222">>/etc/resolv.conf
[root@localhost ~]# cat /etc/resolv.conf
# Generated by NetworkManager
# No nameservers found; try putting DNS servers into your
# ifcfg files in /etc/sysconfig/network-scripts like so:
#
# DNS1=xxx.xxx.xxx.xxx
# DNS2=xxx.xxx.xxx.xxx
# DOMAIN=lab.foo.com bar.foo.com
nameserver 222.222.222.222
```

② 用 nslookup 命令查询一个网址对应的 IP 地址，测试域名解析的设置。

```
[root@localhost ~]# nslookup www.baidu.com
Server:         222.222.222.222
Address:     222.222.222.222#53
Non-authoritative answer:
www.baidu.com  canonical name = www.a.shifen.com.
Name:     www.a.shifen.com
Address: 220.181.111.148
Name:     www.a.shifen.com
Address: 220.181.112.143
```

2）使用 TUI 工具配置 TCP/IP 信息（永久配置）

（1）使用 setup 命令启动文本模式设置工具，如图 6-1 所示。

[root@localhost ~]# setup

图 6-1　网络配置

（2）选择"网络配置"→"设备配置"，如图 6-2 所示。

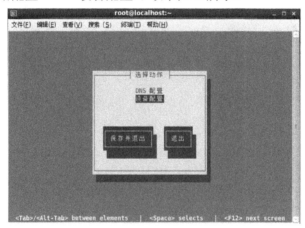

图 6-2　设备配置

（3）选择网卡 eth0 进行配置，如图 6-3 所示。

图 6-3　选择设备

（4）默认是通过 DHCP 获取 IP 地址，如图 6-4 所示。

（5）选择静态配置 TCP/IP 信息，将"使用 DHCP"项用空格键取消，并配置 TCP/IP 信息，如图 6-5 所示。

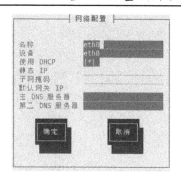

图 6-4 默认自动获取 TCP/IP 信息

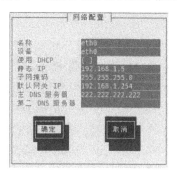

图 6-5 静态配置 TCP/IP 信息

3）使用图形界面配置 TCP/IP 信息（永久配置）

使用图形界面配置 TCP/IP 信息，是永久配置方式，如图 6-6 所示。

图 6-6 图形界面配置 TCP/IP 信息

注意：网络服务相关命令为：service network start/stop/restart，重新设置 TCP/IP 信息后，要重启网络服务（restart）。

项目 7　使用 vi 编辑器

7.1　项目提出

在 Linux 系统中设计一个 C 语言程序，输出完整乘法表，程序的运行效果如下所示：

```
1*1= 11*2= 21*3= 31*4= 41*5= 51*6= 61*7= 71*8= 81*9= 9
2*1= 22*2= 42*3= 62*4= 82*5=102*6=122*7=142*8=162*9=18
3*1= 33*2= 63*3= 93*4=123*5=153*6=183*7=213*8=243*9=27
4*1= 44*2= 84*3=124*4=164*5=204*6=244*7=284*8=324*9=36
5*1= 55*2=105*3=155*4=205*5=255*6=305*7=355*8=405*9=45
6*1= 66*2=126*3=186*4=246*5=306*6=366*7=426*8=486*9=54
7*1= 77*2=147*3=217*4=287*5=357*6=427*7=497*8=567*9=63
8*1= 88*2=168*3=248*4=328*5=408*6=488*7=568*8=648*9=72
9*1= 99*2=189*3=279*4=369*5=459*6=549*7=639*8=729*9=81
```

7.2　项目分析

1．项目实训目的

（1）掌握 vi 编辑器的启动与退出。

（2）掌握 vi 编辑器的三种模式及使用方法。

（3）熟悉 C/C++编译器 gcc 的使用。

2．项目实现功能

（1）练习 vi 编辑器的启动与退出；

（2）练习 vi 编辑器的使用方法。

3．项目主要应用的技术介绍

下面介绍 vi 编辑器的使用方法：

1）三种方式：命令方式、输入方式、末行方式

命令方式：用户一进入 vi 就进入了命令方式，在该模式中任何键入的字符都被看成 vi 的命令，键入后立即执行。

输入方式：当用户需要输入文本时，使用某个命令，进入输入方式，才可开始输入文本。

末行方式：也称 ex 模式，在命令方式中键入冒号":"，就进入了末行方式，在末行方式中输入 ex 中的命令，例如 w（写）和回车，就可将编辑的内容存入文件。

2）三种工作方式之间转换

（1）在操作系统提示符下输入 vi，就进入了命令模式。

（2）由命令模式进入输入模式，输入编辑命令，如插入命令"i"、添加命令"a"、建立新行命令"o"等。

（3）由命令模式进入末行模式，只需输入冒号（:），每次只执行一条，执行完毕立即回到命令模式。

（4）不论在什么模式，只要输入【Esc】键，就可回到命令模式。

（5）输入模式和末行模式之间不能直接切换，必须通过命令模式。

（6）在命令模式，用两个 ZZ（大写），可以退出 vi；在末行方式用"q"或"q!"，还可以用"wq"。

3）在 vi 下建立和修改文件

（1）新建或修改文本文件。

在命令行提示符下输入 vi 和新建文件名，便可进入 vi 文本编辑器。例如：在目录 /tmp 下面新建一个名字为 test 的文本文件。

[root@localhost ~]# vi test

进入 vi 之后，首先进入命令模式，如图 7-1 所示。这时 vi 向你显示一个带字符"~"栏的屏幕。由于当前 vi 是在命令模式，还不是输入模式。如果想输入文本，可以按下键盘上的"I"或 Insert 键，使 vi 编辑器进入输入模式，表示现在可以向 vi 编辑器输入文本。并且，在屏幕最下一行会出现"insert"提示，如图 7-2 所示。

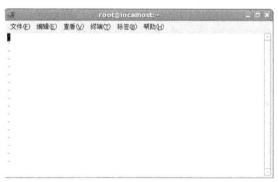

图 7-1　命令模式

图 7-2　输入模式

（2）保存编辑的文件并退出 vi 编辑器。

当编辑完文件后准备保存文件时，按下 Esc 键将 vi 编辑器从输入模式转为命令模式，再输入命令"∶wq"。"w"表示存盘，"q"表示退出 vi。也可以先执行"w"，再执行"q"。这时，编辑的文件被保存并退出 vi 编辑器，如图 7-3 所示。

图 7-3　在末行方式保存、退出

4）常用的 vi 编辑器命令

（1）复制与粘贴命令。

复制与粘贴命令的功能如表 7-1 所示。

表 7-1　复制与粘贴命令功能

yw	将光标所在单词复制剪切板
y$	将光标至行尾的字符复制剪切板
Y	同 y$
yy	将当前行复制剪切板
p	将剪切板中的内容粘贴在光标后
P	将剪切板中的内容粘贴在光标前

（2）查询命令。

查询命令的功能如表 7-2 所示。

表 7-2　查询命令功能

/abc	向后查询字串"abc"
?abc	向前查询字串"abc"
n	重复前一次查询
N	重复前一次查询，但方向相反

（3）文件保存及退出命令。

文件保存及退出命令的功能如表 7-3 所示。

表 7-3　文件保存及退出命令

:q	不保存退出
:q!	不保存强制性退出
:w	保存编辑
:w filename	存入文件 filename 中
:w! filename	强制性存入文件 filename 中
:wq	保存退出
:x	同:wq
ZZ	同:wq

7.3　项目实施

1．项目实训环境准备

（1）较高配置的计算机一台；

（2）虚拟机 VMware 及 RHEL 6.4 虚拟机系统。

2．项目主要实训步骤

乘法表程序编辑

（1）创建 C 语言程序文件 multi.c

```
[root@localhost ~]# vi multi.c
```

（2）编辑乘法表程序。

```
#include<stdio.h>
void main（）
{int i,j;
  {for（i=1;i<=9;i++）
    for（j=1;j<=9;j++）
{
printf（"%d*%d=%2d",i,j,i*j）；
printf（"/n"）；
  }
}
}
```

（3）使用 gcc 编译器进行编译。

```
[root@localhost ~]# gcc –g multi.c –o multi
```

（4）执行 multi 文件。

```
[root@localhost ~]# ./multi
                1*1= 11*2= 21*3= 31*4= 41*5= 51*6= 61*7= 71*8= 81*9= 9
                2*1= 22*2= 42*3= 62*4= 82*5=102*6=122*7=142*8=162*9=18
                3*1= 33*2= 63*3= 93*4=123*5=153*6=183*7=213*8=243*9=27
                4*1= 44*2= 84*3=124*4=164*5=204*6=244*7=284*8=324*9=36
                5*1= 55*2=105*3=155*4=205*5=255*6=305*7=355*8=405*9=45
                6*1= 66*2=126*3=186*4=246*5=306*6=366*7=426*8=486*9=54
                7*1= 77*2=147*3=217*4=287*5=357*6=427*7=497*8=567*9=63
                8*1= 88*2=168*3=248*4=328*5=408*6=488*7=568*8=648*9=72
                9*1= 99*2=189*3=279*4=369*5=459*6=549*7=639*8=729*9=81
```

项目 8　配置与管理 Samba 服务器

8.1　项目提出

公司有 5 个部门，分别是财务部 caiwu，工程部 gongcheng，领导层 lingdao，技术部 jishu，销售部 xiaoshou。由于 Windows 病毒泛滥，作为文件服务器经常在使用中被病毒感染导致经常维护，直接导致工作效率降低，也增加了管理员的工作量。因此领导层要求管理员立刻解决问题。

8.2　项目分析

1．项目实训目的

（1）掌握 Linux 与 Windows 的资源共享和互访方法。
（2）掌握 Samba 服务器的安装和配置方法。
（3）了解使用 Samba 共享用户认证和文件系统。

2．项目实现功能

练习 Linux 系统 Samba 服务器配置与访问方法。

3．项目方案

网络管理员经过分析，在公司的 Linux 服务器上实现文件服务器功能。

（1）首先服务器采用用户验证的方式，每个用户可以访问自己的宿主目录，并且只有该用户能访问宿主目录，并具有完全的权限，而其他人不能看到你的宿主目录。

（2）各个部门有自己独立的共享目录，并且只能由本部门的员工访问，员工可以写自己的数据和删除数据，但别人不能修改其他员工的数据，但领导层可以访问所有部门的共享目录。

（3）建立一个文件交换目录 exchange，所有人都能读写，包括 guest 用户，但每个人不能删除别人的文件。

（4）建立一个公共的只读文件夹 public，所有人只读这个文件夹的内容。

4．项目主要应用的技术介绍

1）Samba 概述
（1）Samba 的作用。

建立计算机网络的目的之一就是为了能够共享资源，如今接入网络的计算机大多数使用 Windows 操作系统。为了让使用 Linux 操作系统的计算机和使用 Windows 操作系统的计算机共享资源，需要使用 Samba 工具。

Samba 是在 Linux/UNIX 系统上实现 SMB（Session Message Block）协议的一个免费软件，以实现文件共享和打印机服务共享，它的工作原理与 Windows 网上邻居类似。

　　SMB 使 Linux 计算机在网上邻居中看起来如同一台 Windows 计算机。Windows 计算机的用户可以"登录"到 Linnx 计算机中，从 Linux 中复制文件，提交打印任务。如果 Linux 运行环境中有较多的 Windows 用户，使用 SMB 将会非常方便。

　　如图 8-1 所示，图中的服务器运行 Samba 服务器软件，其操作系统是 Linux。该服务器通过 Samba 可以向局域网中的其他 Windows 主机提供文件共享服务。同时，在 Linux 服务器上还连接了一个共享打印机，打印机也通过 Samba 向局域网的其他 Windows 用户提供打印服务。

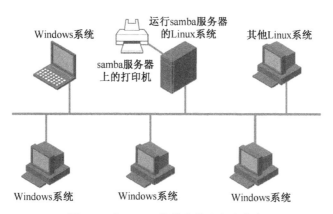

图 8-1　有 Samba 提供文件和打印共享

　　（2）Samba 的组成。

　　给 Windows 客户提供文件服务是通过 Samba 实现的，这套软件由一系列的组件构成，主要的组件有：

　　① smbd。

　　smbd 是 Samba 服务守护进程，是 Samba 的核心，时刻侦听网络的文件和打印服务请求，负责建立对话进程、验证用户身份、提供对文件系统和打印机的访问机制。该程序默认安装在/usr/sbin 目录下。

　　② nmbd。

　　nmbd 也是 Samba 服务守护进程，用来实现 Network Browser（网络浏览服务器）的功能，对外发布 Samba 服务器可以提供的服务。用户甚至可以用 Samba 作为局域网的主浏览服务器。

　　③ smbclient（SMB 客户程序）。

　　是 Samba 的客户端程序，客户端用户使用它可以复制 Samba 服务器上的文件，还可以访问 Samba 服务器上共享的打印机资源。

　　④ testparm。

　　该程序用来快速检查和测试 Samba 服务器配置文件 smb.conf 中的语法错误。

　　⑤ smbtar。

　　smbtar 是一个 Shell 脚本程序，它通过 smbclient 使用 tar 格式备份和恢复一台远程 Windows 的共享文件。

　　还有其他工具命令用来配置 Samba 的加密口令文件、配置 Samba 国际化的字符集。

2）介绍主配置文件/etc/sabma/smb.conf

（1）全局配置（Global Settings）。

用于定义与 Samba 服务整体运行环境有关的配置，它的设置项目是针对所有共享资源的。

在配置文件中，以分号和#号作为注释符。如果该行以这些符号开头，则该行的内容会被忽略而不会生效。配置文件的格式是以"设置项目=设置值"的方式来表示的。

① workgroup。

```
语法：workgtoup = <工作组群>
预设：workgroup = MYGROUP
```

说明：设定 Samba Server 的工作组。可将此名称设置为与被提供服务的 Windows 操作系统中的名称相同，以方便用户访问。默认为 MYGROUP，不区分大小写。

例如，workgroup = workgroup 和 Windows Server 设为一个组，可在网上邻居可中看到共享。

② server string。

```
语法：server string = <说明>
预设：server string = Samba Server
```

说明：设定 Samba Server 的注释，将它修改为有关服务器的简要说明，方便访问用户的识别。默认为 Samba Scrver。

其他支持变量：t%—访问时间，I%—客户端 IP，m%—客户端主机名，M%—客户端域名，S%—客户端用户名。

例如，server string = this is a Samba Server，设定出现在 Windows 网上邻居的 Samba Server，注释为 this is a Samba Server。

③ hosts allow。

```
语法：hosts allow = <IP 地址>
预设：host allow = 192.168.1. 192.168.2. 127.
```

说明：设置可访问 Samba 服务器的主机、子网或域，多个参数以空格隔开。表示方法可以为完整的 IP 地址，如 192.168.0.1；可以为网段，如 192.168.0.。默认此配置是不使用的，即所有的主机都可以访问，所以要使用时需要将行首的分号删除。

例如，hosts allow = 192.168.1. 192.168.0.1 qiye.com 表示允许 192.168.1.0 网段、IP 地址为 192.168.0.1、所在域为 qiye.com 的主机连接到自己的 Samba server。

另外，也可以采用其他的一些表示方法，如："hosts allow=192.168.1. except 192.168.1.5"表示允许来自 192.168.1.0 的所有主机连接，但排除了 192.168.1.5。"hosts allow = 192.168.1.0/255.255.255.0"，表示允许来自 192.168.1.0 子网的所有主机连接。"hosts allow=hostl，host2"表示允许名字是 hostl 和 host2 的主机连接。"hosts allow=@qiye.cn"表示允许来自 qiye.cn 网域的所有主机连接。

④ security。

```
语法：security = <等级>
预设：security = user
```

说明：设定访问 Samba server 的安全级别，共有四种：

share：当客户端连接到该级别的 Samba 服务器时，不需要输入账号和密码，就可以访问 Samba 服务器上的共享资源，但安全性无法得到保障。

user：在客户端连接到该级别的 Samba 服务器时，访问该服务器的共享资源前，用户需要输入有效的账号和密码，通过验证后才能使用服务器的共享资源。默认的配置为该等级，但最好使用加密的方式传送密码，以提高安全性。账号和密码要在本 Samba Server 中建立。

server：依靠其他 Windows NT/2000 或 Samba Server 来验证用户的账号和密码，是一种代理验证。此种安全模式下，系统管理员可以把所有的 Windows 用户和口令集中到一个 NT 系统上，使用 Windows NT 进行 Samba 认证，远程服务器可以自动认证全部用户和口令，如果认证失败，Samba 将使用用户级安全模式作为替代的方式。

domain：域安全级别，Samba 服务器加入到 Windows NT 域中后，Samba 服务器不再负责账号和密码的验证，统一交由主域控制器（PDC）负责，使用该安全等级，同时也必须指定口令服务器。

⑤　encrypt passwords。

> 语法：encrypt passwords = <yes/no>
> 预设：encrypt passwords =yes

说明：设定是否对 Samba 的密码加密。

⑥　smb passwd file。

> 语法　smb passwd file = <密码文件>
> 预设　smb passwd file = /etc/Samba/smbpasswd

说明：设定 Samba 的密码文件。

（2）共享定义（Share Definitions）。

每个 Samba 服务器能对外提供文件或打印服务，每个共享资源需要被给予一个共享名，这个名字将显示在这个服务器的资源列表中。共享名必须放在[]中，如[homes]。如果一个资源的名字的最后一个字母为$，则这个共享就为隐藏共享，不能直接出现在浏览列表中，而只能通过直接访问这个名字来进行访问。

[homes]段是 Samba 共享中比较特殊的一个段，专门用于提供用户目录共享的。这个段一般不需要设置共享资源的路径，其实路径就是每个用户的主目录。当客户机发出服务请求时，首先查找由 smb.conf 文件的其他配置部分设定的共享服务，如果没有发现，并且配置了 homes 段，则通过搜索/etc/passwd 得到用户的 home 目录。通过 homes 段，Samba 可以得到用户的 home 目录并使之共享。下面是这个段的最基本的几个设置。

[homes]
comment=Home Directory
browseable=no
writable=yes

其他共享段是提供特殊共享的段，每个共享继承[global]中的设置，但如果该段中再次设置了参数，则覆盖[global]中的设置参数。

共享定义用于定义共享目录的设置，只对被共享的资源起作用。

①　comment。

> 语法：comment =任意字符串

说明：comment 是对该共享的描述，可以是任意字符串。

② path。

　　语法：path =共享目录路径

说明：path 用来指定共享目录的路径。可以用%u、%m 这样的宏来代替路径里的 UNIX 用户和客户机的 Netbios 名，用宏表示主要用于[homes]共享域。例如：如果我们不打算用 home 段做为客户的共享，而是在/home/share/下为每个 Linux 用户以他的用户名建个目录，作为他的共享目录，这样 path 就可以写成：path = /home/share/%u。用户在连接到这个共享时具体的路径会被他的用户名代替，要注意这个用户名路径一定要存在，否则，客户机在访问时会找不到网络路径。同样，如果不是以用户来划分目录，而是以客户机来划分目录，为网络上每台可以访问 Samba 的主机都各自建个以它的 netbios 名的路径，作为不同机器的共享资源，就可以这样写：path = /home/share/%m。

③ browseable。

　　语法：browseable = <yes/no>

说明：browseable 用来指定该共享是否可以浏览。

④ writable。

　　语法：writable = <yes/no>

说明：writable 用来指定该共享路径是否可写。writable = yes 表示可读写；writable = no 表示只读。

⑤ available。

　　语法：available = <yes/no>

说明：available 用来指定该共享资源是否可用。

⑥ admin users。

　　语法：admin users =该共享的管理者

说明：admin users 用来指定该共享的管理员（对该共享具有完全控制权限）。

例如：admin users =longdao01，lingdao02（多个用户中间用逗号隔开）。

⑦ valid users。

　　语法：valid users =允许访问该共享的用户

说明：valid users 用来指定允许访问该共享资源的用户。

例如：valid users = jishu01，@lingdao，@gongcheng（多个用户或者组中间用逗号隔开，如果要加入一个组就用"@组名"表示。）

⑧ invalid users。

　　语法：invalid users = 禁止访问该共享的用户

说明：invalid users 用来指定不允许访问该共享资源的用户。

例如：invalid users = caiuw01，@jishu（多个用户或者组中间用逗号隔开。）

⑨ write list。

　　语法：write list = 允许写入该共享的用户

说明：write list 用来指定可以在该共享下写入文件的用户。

例如：write list = caiuw01，@jishu

⑩ public。

　　语法：public = <yes/no>

说明：public 用来指定该共享是否允许 guest 账户访问，即是否允许匿名访问。

⑪ guest ok。

　　语法：guest ok = <yes/no>

说明：意义同"public"。

2）smbpasswd 命令

　　格式：smbpasswd [选项] 账户名称

功能：为 Samba 服务添加账户。Samba 服务使用 Linux 操作系统的本地账号进行身份验证，但必须单独为 Samba 服务设置相应的密码文件。Samba 服务的用户账户密码验证文件是/etc/Samba/smbpasswd。基于安全性的考虑，该文件中存储的密码是加密的，无法用 vi 编辑器进行编辑。默认情况下该文件并不存在，需要管理员创建。

选项：

-a：向 smbpasswd 文件中添加账户，该账户必须存在于/etc/passwd 文件中。只有 root 用户可以使用该选项。

-x：从 smbpasswd 文件中删除账户。只有 root 用户可以使用该选项。

-d：禁用某个 Samba 账户，但并不将其删除。只有 root 用户可以使用该选项。

-e：恢复某个被禁用的 Samba 账户。只有 root 用户可以使用该选项。

-n：该选项将账户的口令设置为空。只有 root 用户可以使用该选项。

-r remote-machine-name：该选项允许用户指定远程主机，如果没有该选项，那么 smbpasswd 默认修改本地 Samba 服务器上的口令。

-U username：该选项只能和"-r"选项连用。当修改远程主机上的口令时，用户可以用该选项指定欲修改的账户。还允许在不同系统中使用不同账户的用户修改自己的口令。

8.3　项目实施

1. 项目拓扑图

项目拓扑结构如图 8-2 所示。

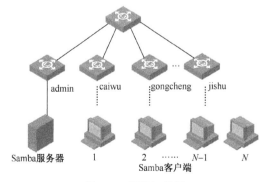

图 8-2　项目拓扑图

2. 项目实训环境准备

（1）较高配置的计算机一台；

（2）虚拟机 VMware 及 RHEL 6.4 虚拟机系统。

3. 项目主要实训步骤

Samba 服务器的 IP 地址设置为 192.168.1.5，掩码为 255.255.255.0，网关为 192.168.1.254。

1）安装 Samba 服务

查看 Samba 服务是否安装，使用如下命令：

```
[root@localhost home]# rpm -qa | grep Samba
```

在安装 Samba 软件包之前，先介绍软件包以及用途。Samba-3.6.9-151.el6.i686.rpm 是 Samba 服务的主程序包，是必须安装的软件。Samba-common-3.6.9-151.el6.i686.rpm 是通用的工具和库文件，无论是服务器端还是客户端都需要安装该软件包。Samba-client-3.6.9-151.el6.i686.rpm 是 Samba 的客户端工具，是连接服务器和连接网上邻居的客户端工具并包含其测试工具。

安装 Samba 服务的相关软件包的命令如下：

```
[root@localhost home]# cd /media/RHEL_6.4\ i386\ Disc\ 1/Packages/
[root@localhost Packages]# rpm -ivh Samba-3.6.9-151.el6.i686.rpm
[root@localhost Packages]# rpm -ivh Samba-common-3.6.9-151.el6.i686.rpm
[root@localhost Packages]# rpm -ivh Samba-client-3.6.9-151.el6.i686.rpm
```

2）添加部门组

创建用户组 caiwu、gongcheng、lingdao、jishu、xiaoshou，分别对应财务部、工程部、领导层、技术部和销售部。

```
[root@localhost ~]# groupadd caiwu
[root@localhost ~]# groupadd gongcheng
[root@localhost ~]# groupadd lingdao
[root@localhost ~]# groupadd jishu
[root@localhost ~]# groupadd xiaoshou
```

3）添加用户

分别向用户组 caiwu、gongcheng、lingdao、jishu、xiaoshou 中各添加 2 个用户，命令如下：

```
[root@localhost ~]# useradd caiwu01 -g caiwu
[root@localhost ~]# useradd caiwu02 -g caiwu
[root@localhost ~]# useradd gongcheng01 -g gongcheng
[root@localhost ~]# useradd gongcheng02 -g gongcheng
[root@localhost ~]# useradd lingdao01 -g lingdao
[root@localhost ~]# useradd lingdao02 -g lingdao
[root@localhost ~]# useradd jishu01 -g jishu
[root@localhost ~]# useradd jishu02 -g jishu
[root@localhost ~]# useradd xiaoshou01 -g xiaoshou
```

```
[root@localhost ~]# useradd xiaoshou02 -g xiaoshou
```

4）把用户加入 Samba 用户

要实现用户的网络文件和打印机共享服务，还要将用户设置成 Samba 用户，使用 smbpasswd –a 增加用户，要增加的用户必须以是系统用户。

```
[root@localhost ~]# smbpasswd -a caiwu01
New SMB password:
Retype new SMB password:
Added user caiwu01.
[root@localhost ~]# smbpasswd -a caiwu02
New SMB password:
Retype new SMB password:
Added user caiwu02.
[root@localhost ~]# smbpasswd -a gongcheng01
New SMB password:
Retype new SMB password:
Added user gongcheng01.
[root@localhost ~]# smbpasswd -a gongcheng02
New SMB password:
Retype new SMB password:
Added user gongcheng02.
[root@localhost ~]# smbpasswd -a lingdao01
New SMB password:
Retype new SMB password:
Added user lingdao01.
[root@localhost ~]# smbpasswd -a lingdao02
New SMB password:
Retype new SMB password:
Added user lingdao02.
[root@localhost ~]# smbpasswd -a jishu01
New SMB password:
Retype new SMB password:
Added user jishu01.
[root@localhost ~]# smbpasswd -a jishu02
New SMB password:
Retype new SMB password:
Added user jishu02.
[root@localhost ~]# smbpasswd -a xiaoshou01
New SMB password:
Retype new SMB password:
Added user xiaoshou01.
[root@localhost ~]# smbpasswd -a xiaoshou02
New SMB password:
Retype new SMB password:
    Added user xiaoshou02.
```

5）创建部门目录

使用 root 账户，在/home 目录下创建 Samba 目录，在该目录下为每个部门创建部门目录，并设置部门目录的权限（770）、属主（该部门 01 账户）和属组。创建交换目录 exchange 目录，设置权限为 777，允许所有用户访问。命令如下：

```
[root@localhost ~]# mkdir /home/Samba
[root@localhost ~]# mkdir /home/Samba/caiwu
[root@localhost ~]# mkdir /home/Samba/gongcheng
[root@localhost ~]# mkdir /home/Samba/lingdao
[root@localhost ~]# mkdir /home/Samba/jishu
[root@localhost ~]# mkdir /home/Samba/xiaoshou
[root@localhost ~]# mkdir /home/Samba/exchange
[root@localhost ~]# mkdir /home/Samba/public
[root@localhost Samba]# chmod 770 caiwu gongcheng lingdao jishu xiaoshou
[root@localhost Samba]# chmod 777 exchange
[root@localhost Samba]# chown caiwu01.caiwu caiwu
[root@localhost Samba]# chown gongcheng01.gongcheng gongcheng
[root@localhost Samba]# chown lingdao01.lingdao lingdao
[root@localhost Samba]# chown jishu01.jishu jishu
[root@localhost Samba]# chown xiaoshou01.xiaoshou xiaoshou
```

最后设置 Samba 目录的权限为 777，命令如下：

```
[root@localhost ~]#chmod 777 /home/Samba
```

6）配置 Samba 的配置文件（/etc/Samba/smb.conf）

```
[global]
        //我的网络工作组
        workgroup = workgroup
        //服务器名描述
        server string = Samba Server
        //使用"用户"验证机制
        security = user
        netbios    = linux
        hosts allow =    192.168.1.
        //使用加密密码机制
        encrypt passwords = yes
        smb passwd file = /etc/Samba/smbpasswd
```
//[homes]为特殊共享目录，表示用户宿主目录，Samba 服务为系统中的每个用户提供一个共享目录，该共享目录通常只有用户本身可以访问
```
[homes]
        //实现项目方案的第一个功能
        comment = Home Directories
        browseable = no
        writable = yes
        valid users = %S
        //建立文件时所给的权限
```

```
            create mode = 0664
            //建立目录时所给的权限
            directory mode = 0775
//设置共享名 caiwu
[caiwu]
            //共享资源描述
            comment = caiwu
            //共享路径，绝对路径
            path = /home/Samba/caiwu
            //设置访问用户
            valid users = @caiwu,@lingdao
            //不允许匿名访问
            public = no
            //允许文件浏览
            browseable = yes
            //指定了这个目录默认是可写的，也可以用 write list =   @caiwu 替代，下同
            writable = yes
            //不共享打印机
            printable = no
[lingdao]
            path = /home/Samba/lingdao
            valid users = @lingdao
            writable = yes
            public = no
            printable = no
            writable = yes
[gongcheng]
            path = /home/Samba/gongcheng
            valid users = @gongcheng,@lingdao
            writable = yes
            browseable = yes
            public = no
            printable = no
[jishu]
            path = /home/Samba/jishu
            valid users = @jishu,@lingdao
            writable = yes
            browseable = yes
            public = no
            printable = no
[xiaoshou]
            path = /home/Samba/xiaoshou
            valid users = @xiaoshou,@lingdao
            writable = yes
            browseable = yes
            public = no
```

```
        printable = no
[exchange]
        path = /home/Samba/exchange
        //允许匿名用户访问
        public = yes
        writable = yes
[public]
        path = /home/Samba/public
        //指定这个默认是只读的
        read only = yes
        public = yes
        //允许匿名用户访问
        guest ok = yes
```

7）启动 Samba 服务

```
[root@localhost ~]# service smb start
```

8）防火墙和 SELinux 设置

RHEL6.4 采用了防火墙和 SELinux 的安全机制，默认防火墙的安全级别为"启用"，SELinux 的安全模式为"增强"。像 Samba、Apache 等服务，在安装、设置、启动完毕后，还需要防火墙和 SELinux 放行。

① 关闭防火墙。

使用 setup 命令，进行防火墙设置，如图 8-3 所示。

```
[root@localhost ~]#setup
```

图 8-3　防火墙配置

使用方向键选择"防火墙配置"，使用 Tab 键切换到"运行工具"，弹出"防火墙配置"窗口，默认防火墙为"启用"状态，按空格键将"*"取消，表示"禁用"防火墙。使用 Tab 键切换到"确定"，完成防火墙配置，如图 8-4 所示。也可选择"定制"，将 Samba 设为可信的服务。

② 设置 SELinux。

SELinux 的状态，有 3 种：enforcing、permissive、disabled。enforcing 表示若违反策略，无法继续操作。permissive 表示若违反策略，仍可继续操作，但会记录违反的内容。disabled 表示禁用 SELinux。SELinux 默认为"强制（enforcing）"状态，为方便实验更改为"禁用

（disabled）"状态。使用 vi 编辑器编辑/etc/selinux 目录下的 config 文件。将 SELINUX 的值设为 disable，重启系统后生效。命令如下：

　　　　[root@localhost ~]# vi /etc/selinux/config

修改 config 文件的设置，将 SELINUX=enforcing 项改为 SELINUX=disable 即可。

图 8-4　禁用防火墙

9）客户端的访问测试

在客户端计算机访问 Samba 共享文件，在客户端"运行"栏输入\\192.168.1.5，弹出如图 8-5 所示的对话框，输入 caiwu01 和密码，弹出如图 8-6 所示对话框，用户 caiwu01 能访问的目录是宿主目录和 caiwu。

图 8-5　Windows 客户端访问服务器

图 8-6　服务器共享目录

如图 8-7 所示，用户 caiwu01 可共享目录 caiwu 中创建的 Samba.doc 文件。

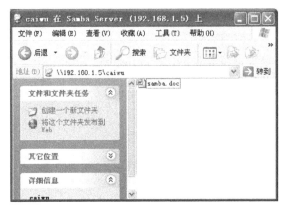

图 8-7　创建文件

注意：如果实现系统启动后 named 服务的自动启动，可以使用 ntsysv 命令实现，命令如下：

[root@localhost ~]# ntsysv

通过空格键选择"smb"，再单击"确定"按钮即可，如图 8-8 所示。或用 chkconfig --level 2345 smb on 命令也可以实现。

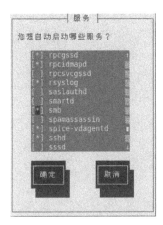

图 8-8　设置自启动 smb

可使用 chkconfig –list|grep smb 命令查看 smb 自启动运行级别。

项目 9　配置与管理 DHCP 服务器

9.1　项目提出

公司网络内部主机采用手动分配 IP 地址的方式进行 IP 地址设置，常出现 IP 地址冲突问题。

为了解决这个问题，网络管理员决定搭建一台 DHCP 服务器来实现 IP 地址动态分配，从而解决 IP 地址冲突问题。要求 DHCP 服务器能够分配 IP 地址以及网关、DNS 等信息。同时为服务器分配固定 IP 地址。

9.2　项目分析

1．项目实训目的

（1）掌握 Linux 下 DHCP 服务器的安装和配置方法。
（2）掌握 Linux 下 DHCP 客户端的配置。

2．项目实现功能

练习 Linux 系统 DHCP 服务器与 DHCP 客户端的配置方法。

3．项目方案

（1）IP 地址范围为 192.168.1.3～192.168.1.150，掩码为 255.255.255.0。网关地址为 192.168.1.254。DNS 服务器的域名为 dns.qiye.cn，IP 地址为 192.168.1.3。

（2）要求 DHCP 服务器为 DNS、Web、Samba 服务器分配固定 IP 地址，DNS 服务器 IP 地址为 192.168.1.3，Web 服务器 IP 地址为 192.168.1.10，Samba 服务器 IP 地址为 192.168.1.5。

（3）DHCP 服务器的 IP 地址为 192.168.1.100。

4．项目主要应用的技术介绍

1）DHCP 简介

DHCP 的前身是 BOOTP，它工作在 OSI 的应用层，是一种帮助计算机从指定的 DHCP 服务器获取配置信息的自举协议。DHCP 使用客户端/服务器模式，请求配置信息的计算机叫做"DHCP 客户端"，而提供信息的叫做"DHCP 服务器"。DHCP 最重要的功能就是动态分配地址，除了 IP 地址，DHCP 还为客户端提供其他的配置信息，如子网掩码，从而使得客户端无须用户动手即可自动配置并连接网络。

DHCP 在快速发送客户网络配置方面很有用，当配置客户端系统时，若管理员选择

DHCP，则不必输入 IP 地址、子网掩码、网关或 DNS 服务器，客户端从 DHCP 服务器中检索这些信息。

　　网络的规模较大，网络中需要分配IP 地址的主机较多时，特别是要在网络中增加和删除网络主机或者要重新配置网络时，手工配置的工作量很大，而且常常会因为用户不遵守规则而出现错误，导致IP 地址的冲突等，这时可以采用DHCP 服务。

　　便携计算机或任何类型的可移动计算机被配置使用 DHCP，只要每个办公室都有一个允许其联网的 DHCP 服务器，它就可以不必重新配置而在办公室间自由移动。

　　2）DHCP 的工作流程

　　DHCP 的工作流程如图 9-1 所示。

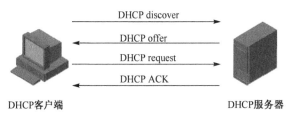

图 9-1　　DHCP 的工作流程

　　（1）发现阶段。

　　即 DHCP 客户端查找 DHCP 服务器的阶段。客户机以广播方式（因为 DHCP 服务器的 IP 地址对于客户端来说是未知的）发送 DHCP discover 信息来查找 DHCP 服务器，即向地址 255.255.255.255 发送特定的广播信息。网络上每一台安装了 TCP/IP 的主机都会接收到这种广播信息，但只有 DHCP 服务器才会做出响应。

　　（2）提供阶段。

　　即 DHCP 服务器提供 IP 地址的阶段，在网络中接收到 DHCP discover 信息的 DHCP 服务器都会做出响应。它从尚未出租的 IP 地址中挑选一个分配给 DHCP 客户端，向其发送一个包含出租的 IP 地址和其他设置的 DHCP offer 信息。

　　（3）选择阶段。

　　即 DHCP 客户端选择某台 DHCP 服务器提供的 IP 地址的阶段。如果有多台 DHCP 服务器向 DHCP 客户端发送 DHCP offer 信息，则 DHCP 客户端只接受第 1 个收到的 DHCP offer 信息。然后它就以广播方式回答一个 DHCP request 信息，该信息中包含向它所选定的 DHCP 服务器请求 IP 地址的内容。之所以要以广播方式回答，是为了通知所有 DHCP 服务器，它将选择某台 DHCP 服务器所提供的 IP 地址。

　　（4）确认阶段。

　　即 DHCP 服务器确认所提供的 IP 地址的阶段。当 DHCP 服务器收到 DHCP 客户端回答的 DHCP request 信息之后，它向 DHCP 客户端发送一个包含其所提供的 IP 地址和其他设置的 DHCP ACK 信息，告诉 DHCP 客户端可以使用该 IP 地址，然后 DHCP 客户端便将其 TCP/IP 与网卡绑定。另外，除 DHCP 客户端选中的服务器外，其他的 DHCP 服务器都将收回曾提供的 IP 地址。

（5）重新登录。

以后 DHCP 客户端每次重新登录网络时，不需要发送 DHCP discover 信息，而是直接发送包含前一次所分配的 IP 地址的 DHCP request 信息。当 DHCP 服务器收到这一信息后，它会尝试让 DHCP 客户端继续使用原来的 IP 地址，并回答一个 DHCP ACK 信息。如果此 IP 地址已无法再分配给原来的 DHCP 客户端使用（比如此 IP 地址已分配给其他 DHCP 客户端使用），则 DHCP 服务器给 DHCP 客户端回答一个 DHCP NACK 信息。当原来的 DHCP 客户端收到此信息后，必须重新发送 DHCP discover 信息来请求新的 IP 地址。

（6）更新租约。

DHCP 服务器向 DHCP 客户端出租的 IP 地址一般都有一个租借期限，期满后 DHCP 服务器便会收回该 IP 地址。如果 DHCP 客户端要延长其 IP 租约，则必须更新其 IP 租约。DHCP 客户端启动时和 IP 租约期限过一半时，DHCP 客户端都会自动向 DHCP 服务器发送更新其 IP 租约的信息。

3）DHCP 服务/etc/dhcp/dhcpd.conf 文件介绍

DHCP 配置文件 dhcpd.conf 的格式如下：

```
选项/参数
 声明{
选项/参数
    }
```

（1）声明：描述网络的布局，客户描述，提供给客户的地址，或者把一组参数应用到一组声明中。常见的参数及功能如表 9-1 所示。

表 9-1　dhcpd .conf 配置文件中的声明

声明	功能
shared-network 名称 {⋯}	定义超级作用域
subnet 网络号 netmask 子网掩码 {⋯}	定义作用域（或 IP 子网）
range 起始 IP 地址 终止 IP 地址	定义作用域（或 IP 子网）范围
host 主机名 {⋯}	定义保留地址
group {⋯}	定义一组参数

（2）参数：表明如何执行任务，是否要执行任务，或将哪些网络配置选项发送给客户。常见的参数及功能如表 9-2 所示。

表 9-2　dhcpd.conf 配置文件中的参数

参数	功能
ddns-update-style 类型	定义所支持的 DNS 动态更新类型（必选）
allow/ignore client-updates	允许/忽略客户机更新 DNS 记录
default-lease-time 数字	指定默认的租约期限
max-lease-time 数字	指定最大租约期限
hardware 硬件类型　MAC 地址	指定网卡接口类型和 MAC 地址
server-name 主机名	通知 DHCP 客户机服务器的主机名
fixed-address IP 地址	分配给客户端一个固定的 IP 地址

（3）选项：配置 DHCP 的可选参数，以 option 关键字开头。常见的选项及功能如表 9-3 所示。

表 9-3 dhcpd.conf 配置文件中的选项

选项	功能
subnet-mask 子网掩码	为客户端指定子网掩码
domain-name "域名"	为客户端指定 DNS 域名
domain-name-servers IP 地址	为客户端指定 DNS 服务器的 IP 地址
host-name "主机名"	为客户端指定主机名
routers IP 地址	为客户端指定默认网关
broadcast-address 广播地址	为客户端指定广播地址
netbios-name-servers IP 地址	为客户端指定 WINS 服务器的 IP 地址
netbios-node-type 节点类型	为客户端指定节点类型
ntp-server IP 地址	为客户端指定网络时间服务器的 IP 地址
nis-servers IP 地址	为客户端指定 NIS 域服务器的地址
nis-domain "名称"	为客户端指定所属的 NIS 域的名称
time-offset 偏移差	为客户端指定与格林尼治时间的偏移差

9.3 项目实施

1. 项目拓扑图

项目拓扑结构如图 9-2 所示。

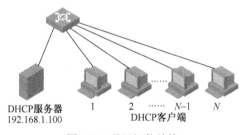

DHCP服务器   1   2 ······ N-1   N
192.168.1.100   DHCP客户端

图 9-2 项目拓扑结构

2. 项目实训环境准备

（1）较高配置的计算机一台；
（2）虚拟机 VMware 及 RHEL 6.4 虚拟机系统。

3. 项目主要实训步骤

DHCP 服务器的 IP 地址设置为 192.168.1.100，掩码为 255.255.255.0，网关为 192.168.1.254。
1）安装 DHCP 软件包
dhcp-4.1.1-34.P1.el6.i686.rpm 是 DHCP 的主程序包，包括 DHCP 服务和中继代理程序，安装该软件包进行相应配置，即可为客户机动态分配 IP 地址和其他 TCP/IP 信息。
dhcp-common-4.1.1-34.P1.el6.i686.rpm 是 DHCP 服务器客户端常用的软件集。

首先要检查系统中是否已经安装过了 DHCP 服务，检查的命令：

　　　[root@localhost ~]#rpm -qa |grep dhcp

安装软件 dhcp-4.1.1-34.P1.el6.i686.rpm、dhcp-common-4.1.1-34.P1.el6.i686.rpm 软件包的命令如下：

　　　[root@localhost named]# cd /media/RHEL_6.4\ i386\ Disc\ 1/Packages/
　　　[root@localhost Packages]# dir *dhcp*
　　　dhcp-4.1.1-34.P1.el6.i686.rpm dhcp-common-4.1.1-34.P1.el6.i686.rpm sblim-cmpi-dhcp-1.0-1.el6.i686.rpm
　　　[root@localhost Packages]# rpm -ivh dhcp-4.1.1-34.P1.el6.i686.rpm
　　　warning: dhcp-4.1.1-34.P1.el6.i686.rpm: Header V3 RSA/SHA256 Signature, key ID fd431d51: NOKEY
　　　Preparing...　　　　　　################################# [100%]
　　　　　package dhcp-12:4.1.1-34.P1.el6.i686 is already installed
　　　[root@localhost Packages]# rpm -ivh dhcp-common-4.1.1-34.P1.el6.i686.rpm
　　　warning: dhcp-common-4.1.1-34.P1.el6.i686.rpm: Header V3 RSA/SHA256 Signature, key ID fd431d51: NOKEY
　　　Preparing...　　　　　　################################# [100%]
　　　　　package dhcp-common-12:4.1.1-34.P1.el6.i686 is already installed

2）配置 DHCP 服务

安装好 DHCP 后，只要编辑 DHCP 服务的配置文件，也就完成了 DHCP 服务的配置。配置文件为/etc/dhcp/dhcpd.conf，此时在/etc/dhcp 目录下没有 dhcpd.conf 这个文件，需要创建并编辑，可以手动去编写，或可到/usr/share/doc/dhcp-4.1.1/dhcpd.conf.sample 目录下复制模板到/etc/ dhcp/dhcpd.conf 目录下，

Linux DHCP 配置文件默认是没有的，可以手动去编写，或可到/usr/share/doc/dhcp-4.1.1/dhcpd.conf.sample 目录下复制模板到/etc/dhcp/dhcpd.conf 目录下：

　　　[root@localhost ~]#cp /usr/share/doc/dhcp*/dhcpd.conf.sample /etc/dhcp/dhcpd.conf

下面使用 vi 编辑器进行配置文件的编辑：

　　　[root@localhost ~]#vi　/etc/dhcp/dhcpd.conf
　　　#dhcp 支持的 dns 动态更新方式
　　　ddns-update-style interim;
　　　//忽略客户端 DNS 动态更新
　　　ignore client-updates;
　　　//作用域网段
　　　subnet 192.168.1.0 netmask 255.255.255.0 {
　　　//分发的网关地址
　　　option routers　　　　　192.168.1.254;
　　　//子网掩码
　　　option subnet-mask　　　255.255.255.0;
　　　//域名

```
option domain-name        "qiye.com";
//域名服务器 dns 的 IP
option domain-name-servers 192.168.1.3,222.222.222.222;
//为客户端指定格林威治时间领衔时间，单位为秒，该选项在全局配置、局部配置均可使用。
option time-offset        -18000;
//IP 地址段范围
range dynamic-bootp    192.168.1.3 192.168.1.150;
//租期 1 天，秒数
default-lease-time        86400;
//最长租期 2 天
  max-lease-time           172800;
//绑定 pc1 主机 IP 地址配置
host dns{
//绑定机 MAC 地址
   hardware ethernet 00:24:54:42:43:76;
//绑定主机 IP 地址配置
fixed-address 192.168.1.3;
        }
host web{
   hardware ethernet 00:e0:4c:ab:43:cd;
   fixed-address 192.168.1.10;
        }
host Samba{
   hardware ethernet e0:43:4c:de:42:91;
   fixed-address 192.168.1.5;
        }
}
```

3）设置 SELinux 设置 SELinux 工作模式为"禁止（disable）"，参考项目 8。

4）启动 dhcp 服务

利用"service dhcpd start"命令，启动 dhcpd 服务，命令如下：

```
[root@localhost ~]# service dhcpd start
```

5）测试

（1）Windows 客户端测试。

Windows 客户端测试如图 9-3 所示。如果在虚拟机上使用 Windows 作为客户端，且获得的 IP 地址不在规定的范围内，例如获得了 192.168.72.1 这个 IP 地址。这是因为默认情况下虚拟机安装了 DHCP 服务，所以获得的 IP 地址是虚拟网卡的 IP。此时只要关闭虚拟机软件的"VMware DHCP Service"功能即可。

（2）Linux 下 DHCP 客户端的配置。

① 使用 setup 命令设置 IP 地址获取方式为"DHCP"，如图 9-4 所示。

```
[root@localhost ~]# setup
```

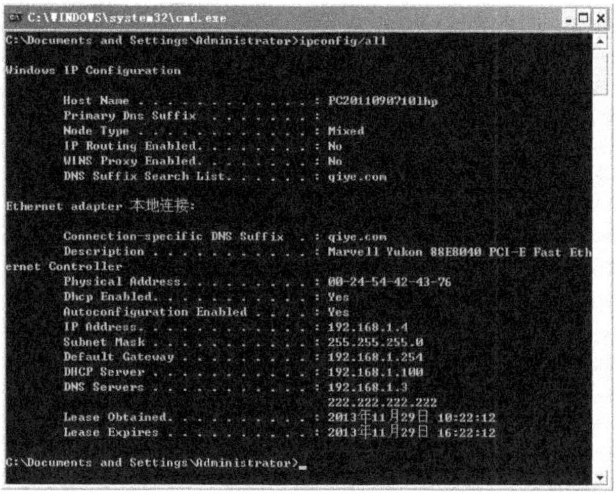

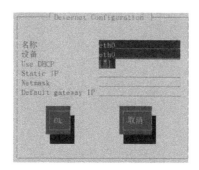

图 9-3 Windows 客户端测试

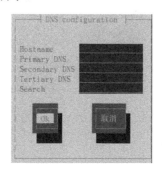

图 9-4 设置自动获取 TCP/IP 信息（DHCP）

清空 DNS 信息，如图 9-5 所示。

图 9-5 清空 DNS 信息

② 重启网卡 eth0。

[root@localhost ~]# service network restart

③ 查看 TCP/IP 信息。

[root@localhost ~]# ifconfig eth0
eth0   Link encap:Ethernet   HWaddr 00:0C:29:2E:8E:FA

```
        inet addr:192.168.1.8 Bcast:192.168.1.255    Mask:255.255.255.0
        inet6 addr: fe80::20c:29ff:fe2e:8efa/64 Scope:Link
        UP BROADCAST RUNNING MULTICAST    MTU:1500    Metric:1
        RX packets:32505 errors:0 dropped:0 overruns:0 frame:0
        TX packets:17486 errors:0 dropped:0 overruns:0 carrier:0
        collisions:0 txqueuelen:1000
        RX bytes:13653366 （13.0 MiB）    TX bytes:1761472 （1.6 MiB）
        Interrupt:19 Base address:0x2000
[root@localhost ~]# cat /etc/resolv.conf
# Generated by NetworkManager
Search qiye.com
nameserver 192.168.1.3
nameserver 222.222.222.222
```

注意：如果实现系统启动后 DHCP 服务自动启动，可以使用 ntsysv 命令，命令如下：

```
[root@localhost ~]# ntsysv
```

通过空格键选择"dhcpd"，再选择"确定"即可，如图 9-6 所示。或用 chkconfig --level 2345 dhcpd on 命令也可以实现。

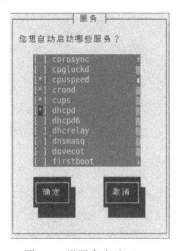

图 9-6　设置自启动 dhcpd

可使用 chkconfig –list|grep dhcpd 命令查看 dhcpd 自启动的运行级别。

项目 10　配置与管理 DNS 服务器

10.1　项目提出

公司有一个局域网（192.168.1.0/24）。该企业中已经有自己的网页，员工希望通过域名来进行访问，同时员工也需要访问 Internet 上的网站。该企业已经申请了域名 qiye.com，公司需要 Internet 上的用户通过域名访问公司的网页。为了保证可靠，不能因为 DNS 的故障，导致网页不能访问。

10.2　项目分析

1．项目实训目的

（1）掌握 Linux 系统中主 DNS 服务器的配置。
（2）掌握 Linux 下辅助 DNS 服务器的配置。

2．项目实现功能

练习 Linux 系统下主/辅助 DNS 服务器的配置方法。

3．项目方案

现要求在企业内部构建一台 DNS 服务器，为局域网中的计算机提供域名解析服务。DNS 服务器管理 qiye.com 域的域名解析，DNS 服务器的域名为 dns.qiye.com，IP 地址为192.168.1.3。同时还必须为客户提供 Internet 上的主机的域名解析，要求分别能解析以下域名：企业官网（www.qiye.com：192.168.1.10），销售部（xs.qiye.com：192.168.1.12），邮件服务器（mail.qiye.com：192.168.1.13），OA 系统（oa.qiye.com：192.168.1.11）。

4．项目主要应用的技术介绍

1）域名空间

DNS 服务器是用于进行域名解析的，也就是将域名对应的 IP 地址查找出来并发送给DHCP 客户端。那么，什么是域名?域名是如何构成的?这是我们首先要讨论的一个问题。

所谓域名是一种在网络中标识主机的名称，以克服使用 IP 地址标识主机所带来的识别与记忆上的困难。

与主机名不同的是，域名具有结构性特点，即依据域名可以得知域名所标识的主机在哪个网络中，这点是主机名所无法比拟的。

这里以 www.qiye.com 这个域名为例来说明域名的结构性特点，www.qiye.com 这个域名的完整写法为 www.qiye.com.，注意简写域名与完整域名之间唯一的差别就在于最后一个 "."。这个 "." 表示的是根域。而 www.qiye.com 这个域名表示这台主机在根域下的.com

这个网络下的.qiye 网络中，是. qiye 网络中名为 www 的主机。这种带有根域表示的完整域名称为"完全合格域名"，简称 FQDN。

从以上叙述可见，域名结构为"主机名.二级域名.顶级域名 根域"。那么，"."根域在哪里?.com 网络在哪里? .qiye 这个网络又在哪里呢? 这就涉及域名空间的问题了。

域名并不是允许用户任意指定的，当然如果在内部网络中，出于试验与学习的需要是可以任意定义的，但是 Internet 中域名的取得是需要申请后付费使用的。

域名系统是由总部位于美国的 InterNIC 来定义和维护的。InterNIC 将域名系统划分成若干个层次，如图 10-1 所示。

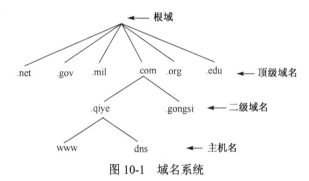

图 10-1　域名系统

InterNIC 定义，Intemet 中的所有域名都应位于域名空间最上层的根域的管理之下，而"."根域是由 InterNIC 来维护和管理的。也就是说，Intemet 中的所有域名都可以沿着根域向下一步一步查找，最终查找到主机名所对应的 IP 地址。

在 DNS 结构中，当 DNS 客户端向 DNS 服务器递交了域名的解析请求时，如果本地 DNS 服务器不知道该域名对应的 IP 地址，就会向根域发出查询请求，沿着根域的指引，一步一步查询到域名所标识的主机的 IP 地址。

而根域的 DNS 服务器地址是什么呢?InterNIC 定义的根域一共向外提供 13 个 DNS 服务器，供来自世界各地的 DNS 提交查询请求。这里需要注意的是，根域中并未保存所有的域名映射信息，根域的 DNS 中仅仅保存着其下顶级域的 DNS 服务器地址。

顶级域是 InterNIC 定义的，位于"."根域之下的，数量有限且不能轻易变动的域名。顶级域存在的目的是对网络中庞大的域名进行分类。InterNIC 定义的顶级域包括很多种，但总体上可分为两类。

（1）机构域：按机构性质所进行的分类，常见的机构域域名包括：

.com：表示商业机构。

.edu：表示教育机构。

.net：表示网络技术机构。

.mil：表示军事机构。

.gov：表示政府机构。

.org：表示非营利性组织。

（2）地理域：按机构所处的位置进行的分类，常见的地理域域名包括：

.CN：中国。

.HK：中国香港特别行政区。

.TW：中国台湾。

.US：美国。

.UK：英国。

.JP：日本。

对于一个机构而言，在向 InterNIC 提交域名申请时必须指明要将自己的域名放置在哪个顶级域之下。每个顶级域都配备有自己的 DNS 服务器，该 DNS 服务器的地址要在"."根域中备案，以便根域能随时掌握顶级域中 DNS 服务器的地址信息。

在顶级域下就是二级域，二级域是由机构自己定义的并向 InterNIC 申请获得。InterNIC规定，在相同的顶级域下，二级域的域名具有唯一性，也就是说在.com 这个顶级域下不能存在两个同名的二级域。

在机构向 InterNIC 申请域名时，除提供要中请的域名外，还需要提供负责解析该域名下的主机或子域 IP 地址的 DNS 服务器 IP 地址，InterNIC 会将该 DNS 的 IP 地址备份到顶级域的 DNS 服务器中。

在二级域下还可以继续存在三级域、四级域等子域，这取决于使用机构的实际需要。但是不论有多少个子域，在域名的最左端都是主机名。例如，www.lfxin.com.这个域名表示的是根域下的.com 顶级域下的.lfxin 二级域下的 www 这台主机。而 mail.mark.lfxin.com.这个域名表示根域下的.com 顶级域下的.lfxin 二级域下的.mark 三级域下的 mail 这台主机。在域名结构中，最左侧的是主机名。主机名理论上是可以任意定义的，但是在网络服务构建时常常会有一些约定俗成的应用习惯。如网络中提供 Web 服务的主机名为 www，提供邮件服务的主机名为 mail，提供 FTP 服务的主机名为 ftp，提供新闻组服务的主机名为 news 等。

2）DNS 域名解析过程

在图 10-2 中，作为 DNS 客户端的主机 A 需要访问 www.qiye.com 这个域名，该访问可以是主机 A 中的应用程序发起的，如主机 A 的网络浏览器的 URL 地址为 http://www.qiye.com，这将导致主机 A 需要获得 www.qiye.com 这个域名所对应的 IP 地址。

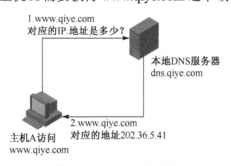

图 10-2　DNS 本地查询

此时，主机 A 的 DNS 客户端程序会将"www. qiye.com 域名对应的 IP 地址是什么？"这个查询提交给本地 DNS 服务器要求解析。本地 DNS 服务器接到查询请求后会根据域名来判断其能否解析该域名。本例中，客户端要求解析的是 www. qiye.com 这个域名，而该

DNS 服务器负责 qiye.com 这个域的名称解析工作，因此本地 DNS 服务器会直接查询本地数据库，以确定 www. qiye.com 域名所对应的 IP 地址。若本地 DNS 服务器的本地数据库中存在 www. qiye.com 域名所对应的 IP 地址的映射信息，本地 DNS 服务器会将该 IP 地址响应给客户端（主机 A）。若本地 DNS 服务器的本地数据库中不存在 www. qiye.com 域名所对应的 IP 地址的映射信息，则本地 DNS 服务器会向客户端返回 www.qiye.com 域名不存在的错误消息。

在 DNS 查询过程中，还会出现另一种查询问题，即当主机 A 向 DNS 提出查询请求，而 DNS 并不负责该域名的解析工作，则 DNS 将如何解析域名呢？

在图 10-3 所示的 DNS 查询过程中，主机 A 需要查询 www.gongsi.com 这个域名所对应的 IP 地址。此时主机 A 将该查询请求提交给本地 DNS 服务器，本地 DNS 服务器在接收到该域名后，发现该域名应该由 gongsi.com 区域的 DNS 服务器进行解析，而自己只负责解析 qiye.com 域的主机信息，此时本地 DNS 服务器要找到 gongsi.com 这个域的 DNS 服务器，并要求 gongsi.com 的 DNS 服务器解析 www.gongsi.com 这个域名。但本地 DNS 服务器将如何找到 gongsi.com 的 DNS 服务器呢？其查找 gongsi.com 的 DNS 服务器的过程如下。

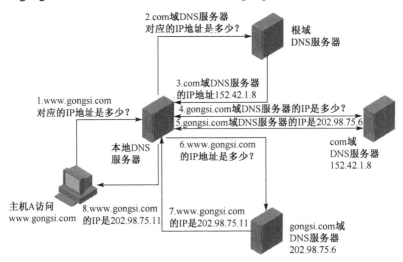

图 10-3　DNS 查询过程

（1）首先，本地 DNS 服务器会向根域发起查询，因为从域名结构上看，www.gongsi.com 是注册在.com 域上的一个域名，在 gongsi.com 提交注册申请时必然同时提交了负责解析该域信息的 DNS 服务器地址，因此要找到 gongsi.com 域的 DNS 服务器就首先要找到.com 这个域的 DNS。向其查询 gongsi 域的 DNS 信息。但是，.com 这个域的 DNS 服务地址为何本地 DNS 服务器也不清楚，但本地 DNS 服务器知道根域的 DNS 服务器的 IP 地址（根域 DNS 服务器地址包含在 DNS 服务器的 named.ca 文件中），为此本地 DNS 服务器向根域发起了"解析.com 域"的查询请求，根域 DNS 服务器在查询本地数据库后对该请求进行了回应，通知本地 DNS 服务器，.com 域 DNS 服务器的 IP 地址为 152.42.1.8。

（2）在获知.com 域 DNS 服务器的 IP 地址为 152.42.1.8 后，本地 DNS 服务器会向.com 域的 DNS 服务器 152.42.1.8 地址发起"解析 gongsi.com 域"的查询请求，.com 域的 DNS

服务器在查询本地数据库后对该请求进行了回应。通知本地 DNS 服务器 gongsi.com 域 DNS 服务器的 IP 地址为 202.98.75.6。

（3）在获知 gongsi.com 域 DNS 服务器的 IP 地址后，本地 DNS 服务器会向 gongsi.com 域的 DNS 服务器 202.98.75.6 地址发起 "解析 www.gongsi.com 主机" 的查询请求，gongsi.com 域的 DNS 服务器在查询本地数据库后对该请求进行了回应，通知本地 DNS 服务器 www.gongsi.com 域 DNS 服务器的 IP 地址为 202.98.75.11。

（4）本地 DNS 服务器在获得 www.gongsi.com 与 202.98.75.11 的映射信息后，会首先将该信息存储到本地缓存中，以便客户端再次查询该域名时直接调用，同时会将该映射关系发回给客户端主机 A。

至此，本地 DNS 服务器完成了对 www.gongsi.com 这个域名的解析过程。

3）正反向解析区域

一台 DNS 服务器既可阻负责一个域中 "主机-IP" 映射信息的解析工作，也可以负责多个域中 "主机-IP" 映射信息的解析工作。在 DNS 服务器中，将其负责解析的每个域称为一个 "区域"，每个 "区域" 中的 "主机-IP" 映射信息数据称为 "区域数据"。

当一台 DNS 服务器负责多个域的解析工作时，该 DNS 服务器将为每个被解析的域建立一个 "区域"，并将被解析的域的映射信息存储到该 "区域" 的 "区域数据文件" 中。

对于 DNS 服务器而言，对区域的解析分为两种。

（1）正向区域解析：即将域名解析为 IP 地址。对于正向区域解析，DNS 服务器要事先建立 "正向解析区域" 与 "正向区域数据文件"，当正向解析请求发送过来之后，查找正向区域数据文件即可实现解析。

（2）反向区域解析：即将 IP 地址解析为域名。反向解析需求在网络中主要是供一些应用程序使用，如防火墙的反向解析需求、邮件系统的反垃圾邮件需求等，对于反向区域解析，DNS 服务器要事先建立 "反向解析区域" 和 "反向区域数据文件"，当反向解析请求发送过来之后，查找反向区域数据文件即可实现解析。

4）主配置文件 named.conf

（1）named.conf 的配置语句。

表 10-1 列出了一些主配置文件 named.conf 中的可用的配置语句。

表 10-1　named.conf 配置语句

配置语句	说明
acl	定义 IP 地址的访问控制列表
controls	定义 rndc 命令使用的控制通道
include	将其他文件包含到本配置文件当中
key	定义授权的安全密钥
logging	定义日志的记录规范
options	定义全局配置选项
server	定义远程服务器的特性
trusted-keys	为服务器定义 DNSSEC 加密密钥
zone	定义一个区

（2）全局配置语句 options。

全局配置语句 options 的语法为：

```
options {
    配置子句;
    配置子句;
};
```

下面介绍配置子句。

① listen-on：设置 named 守护进程监听的 IP 地址和端口。若未指定，默认监听 DNS 服务器的所有 IP 地址的 53 号端口。当服务器安装有多块网卡，有多个 IP 地址时，可通过该配置命令指定所要监听的 IP 地址。对于只有一个地址的服务器，不必设置。例如，若要设置 DNS 服务器监听 192.168.10.2 这个 IP 地址，端口使用标准的 53 号，则配置命令为 "listen-on 5353{192.168.10.2;};"。

② directory：用于指定 named 守护进程的工作目录，各区域正反向搜索解析文件和 DNS 根服务器地址列表文件（named.ca）应放在该配置项指定的目录中。

③ allow-query{}：指定允许查询该 DNS 服务器的 IP 地址或网络。在{}中可指定允许查询的 IP 地址或网络地址列表，地址间用分号分隔。若不配置该项，则默认所有主机均可以查询。另外，还可使用地址匹配符来表达允许的主机。比如，any 可匹配所有的 IP 地址，none 不匹配任何 IP 地址，localhost 匹配本地主机使用的所有 IP 地址，localnets 匹配同本地主机相连的网络中的所有主机。比如若仅允许 127.0.0.1 和 192.168.10.0/24 网段的主机查询该 DNS 服务器，则命令为：allow-query {127.0.0.1;192.168.1.0/24;};。

④ Recursion=yes。

一个 DNS 询问要求递归，那么服务器将会做所有能够回答查询请求的工作。

（3）区（zone）声明。

区声明是配置文件中最重要的部分。Zone 语句格式为：

```
Zone  "zone-name" IN {
        Type  子句;
        File 子句;
        其他子句;
        }
```

下面介绍子句功能。

① type master|hint|slave，说明一个区的类型：master 说明一个区为主域名服务器，hint 说明一个区为启动时初始化高速缓存的域名服务器，slave 说明一个区域为辅助域名服务器。

② file "filename"，说明一个区的域信息源数据库信息文件名。

5）区文件

区文件定义了一个区的域名信息，每个区文件都由若干资源记录（Resource Records，RR）和区文件指令组成。

资源记录。

每个区文件都是由 SOA RR 开始，同时包括 NS RR。对于正向解析文件还包括 A RR、MX RR、CNAME RR 等；对于反向解析文件还包括 PTR RR。

RR 具有的基本格式：

[name]　　[ttl]　　IN　　type　　rdata

① name 字段。

name 字段是资源记录引用的域对象名，可以是一台单独主机，也可以是整个域，如表 10-2 所示。

表 10-2　name 字段

字段	取值	说明
Name	.	根域
	@	默认域，可以在文件中使用$ORIGIN domain 来说明默认域
	标准域名	或是一个以"."结束的域名，或是一个相对域名
	空	该记录适用于最后一个带有名字的域对象

② ttl 字段。

寿命字段，以秒为单位定义该资源记录中的信息存放在高速缓存中的时间长度。通常该字段值为空，表示采用 SOA 中的最小 ttl 值。

③ IN 字段。

将该记录标识为一个 Internet DNS 资源记录。

④ type 字段。

type 字段如表 10-3 所示。

表 10-3　资源记录类型 type

字段	资源记录类型	说明
type	SOA	起始授权机构
	A	主机资源记录，建立域名到 IP 地址的映射
	CNAME	别名资源记录，为其他资源记录指定名称的替补
	NS	名称服务器，指定授权的名称服务器
	PTR	指针资源记录，用来实现反向查询，建立 IP 地址到域名的映射
	MX	邮件信息的服务器
	HINFO	主机信息记录，指明 CPU 与 OS

⑤ rdata 字段。

rdata 字段指定与这个资源记录有关的数据，数据字段的内容取决于类型字段。

注意：在资源记录文件中所有的全域名必须以"."结束。

10.3　项目实施

1. 项目拓扑图

DNS 项目拓扑图如图 10-4 所示。

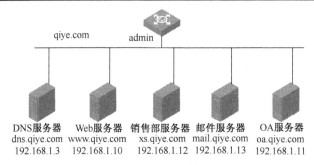

图 10-4　项目拓扑图

2．项目实训环境准备

（1）较高配置的计算机一台；

（2）虚拟机 VMware 及 RHEL 6.4 虚拟机系统。

3．项目主要实训步骤

DNS 服务器的 IP 地址设置为 192.168.1.3，掩码为 255.255.255.0，网关为 192.168.1.254。

（1）安装 Bind 软件包

Bind 是一款实现 DNS 服务器的开放源码软件。其中，bind-9.8.2-0.17.rc1.el6.i686.rpm 是 DNS 的主程序包，服务器端必须安装该软件包；bind-utils-9.8.2-0.17.rc1.el6.i686.rpm 提供 nslookup 及 dig 等测试工具（默认已经安装）；bind-chroot-9.8.2-0.17.rc1.el6.i686.rpm 为 Bind 提供一个伪装的根目录以增强安全性，将 Bind 设定文件和程序限制在虚拟根目录。

安装 Bind 软件包之前进行 Bind 安装程序查询，命令如下：

```
[root@localhost ~]# rpm -qa|grep bind
[root@localhost ~]# cd /media/RHEL_6.4\ i386\ Disc\ 1/Packages/
[root@localhost Packages]# dir bind*
bind-9.8.2-0.17.rc1.el6.i686.rpm        bind-libs-9.8.2-0.17.rc1.el6.i686.rpm
bind-chroot-9.8.2-0.17.rc1.el6.i686.rpm    bind-utils-9.8.2-0.17.rc1.el6.i686.rpm
bind-dyndb-ldap-2.3-2.el6.i686.rpm
```

安装 Bind 相关软件包，命令如下：

```
[root@localhost Packages]# rpm -ivh bind-9.8.2-0.17.rc1.el6.i686.rpm
warning: bind-9.8.2-0.17.rc1.el6.i686.rpm: Header V3 RSA/SHA256 Signature, key ID fd431d51:
NOKEY
Preparing...                ########################################### [100%]
        package bind-32:9.8.2-0.17.rc1.el6.i686 is already installed
[root@localhost Packages]# rpm -ivh bind-chroot-9.8.2-0.17.rc1.el6.i686.rpm
warning:  bind-chroot-9.8.2-0.17.rc1.el6.i686.rpm:  Header V3 RSA/SHA256  Signature,  key  ID
fd431d51: NOKEY
Preparing...                ########################################### [100%]
        package bind-chroot-32:9.8.2-0.17.rc1.el6.i686 is already installed
[root@localhost Packages]# rpm -ivh bind-utils-9.8.2-0.17.rc1.el6.i686.rpm
warning:  bind-utils-9.8.2-0.17.rc1.el6.i686.rpm:  Header V3 RSA/SHA256  Signature,  key  ID
```

fd431d51: NOKEY

Preparing...   ## [100%]
      package bind-utils-32:9.8.2-0.17.rc1.el6.i686 is already installed

（2）配置/etc/named.conf 文件

使用 vi 命令进行编辑。

    [root@localhost ~]# vi /etc/named.conf

修改 named.conf 内容如下：

```
options {
//设置 named 守护进程监听的 IP 地址及端口，更改为 any 意思是允许任何 IP 地址监听
listen-on port 53 { any; };
listen-on-v6 port 53 { ::1; };
//指定区配置文件所在目录
directory    "/var/named";
dump-file   "/var/named/data/cache_dump.db";
    statistics-file "/var/named/data/named_stats.txt";
    memstatistics-file "/var/named/data/named_mem_stats.txt";
//指定 DNS 查询请求的客户端，如果设置为 any; 意思是允许所有客户端查询
allow-query      { any; };
recursion yes;
dnssec-enable yes;
dnssec-validation yes;
dnssec-lookaside auto;
/* Path to ISC DLV key */
bindkeys-file "/etc/named.iscdlv.key";
managed-keys-directory "/var/named/dynamic";
};
logging {
    channel default_debug {
            file "data/named.run";
            severity dynamic;
    };
};
//用于定义根域的区域声明
zone "." IN {
    type hint;
    file "named.ca";
};
```

//named.rfc1912.zones 是 named.conf 的辅助区域配置文件。意思是除了根域外，其他所有的区域配置建议在 named.rfc1912.zones 文件中配置，主要是为了方便管理，不轻易破坏主配置文件 named.conf。这是 RHEL6 版本与 RHEL5 不同的地方。

```
include "/etc/named.rfc1912.zones";
include "/etc/named.root.key";
```

（3）配置/etc/named.rfc1912.zones

使用 vi 命令进行编辑。

```
[root@localhost ~]# vi /etc/named.rfc1912.zones
//以下用于定义正向查询区域
zone "qiye.com" IN {
//master 为主 DNS 区域，如果是 salve 则为辅助 DNS 区域
    type master;
    //指定正向查询区域的配置文件，一般格式为"域名.zone"，当然也可以有其他写法
    file "qiye.com.zone";
    //参数为 none 不允许客户端动态更新
    allow-update { none; };
};
//以下用于定义反向查询区域, zone 后面跟 IP 地址反写，除去最后一位
zone "1.168.192.in-addr.arpa" IN {
//主要区域
    type master;
//指定正向查询区域的配置文件,一般格式为"in-addr.arpa.zone", IP 不包含最后一位
    file "1.168.192.in-addr.arpa.zone";
//参数为 none 不允许客户端动态更新
    allow-update { none; };
};
zone "1.0.0.0.0.0.0.0.0.0.0.0.0.0.0.0.0.0.0.0.0.0.0.0.0.0.0.0.0.0.0.0.ip6.arpa" IN {
    type master;
    file "named.loopback";
    allow-update { none; };
};
zone "1.0.0.127.in-addr.arpa" IN {
    type master;
    file "named.loopback";
    allow-update { none; };
};
zone "0.in-addr.arpa" IN {
    type master;
    file "named.empty";
    allow-update { none; };
};
```

（4）通过模版创建对应的正向反向区域配置文件

Bind 区域配置文件在/var/named/下。注意这里的配置文件名称和以上区域配置文件中设置的名称一样。使用 cp –p 命令将权限一起复制过去，否则会出现权限问题，需要修改权限。

```
[root@localhost ~]#cd /var/named
[root@localhost named]#cp –p named.localhost qiye.com.zone
[root@localhost named]#cp –p named.localhost 1.168.192.in-addr.arpa.zone
配置/var/named/qiye.com.zone
```

使用 vi 编辑器编辑/var/named/qiye.com.zone 文件，内容如下：

```
$TTL 1D
@    IN SOA    @ rname.invalid.    （
                        0     ; serial
                        1D   ; refresh
                        1H   ; retry
                        1W   ; expire
                        3H ）      ; minimum
            NS        @
            A         127.0.0.1
            AAAA     ::1
//以上信息可以不修改
//创建主机 dns、www、oa、xs、mail 的 A 记录 IP 地址
dns      A      192.168.1.3
www      A      192.168.1.10
oa       A      192.168.1.11
xs       A      192.168.1.12
mail     A      192.168.1.13
//创建 www 主机的别名 web
web      CNAME    www
//创建邮件交换记录，10 表示优先级，越小优先级越高
@            MX   10   mail.qiye.com.
```

（5）配置/var/named/1.168.192.in-addr.arpa.zone

```
$TTL 1D
@    IN SOA    @ rname.invalid.    （
                        0     ; serial
                        1D   ; refresh
                        1H   ; retry
                        1W   ; expire
                        3H ）      ; minimum


            NS          @
            A         127.0.0.1
            AAAA     ::1
//以上信息可以不修改
//创建主机 dns、www、oa、xs、mail、web 的反向记录
3       PTR      dns.qiye.com.
10      PTR      www.qiye.com.
11      PTR      oa.qiye.com.
12      PTR      xs.qiye.com.
13      PTR      mail.qiye.com.
10      PTR      web.qiye.com.
```

注意：如果安装了 bind-chroot 文件，启动 named 服务之后，系统会自动将 Bind 的配

置文件和数据库等挂接到/var/named/chroot/etc 目录下，然后 DNS 读取的是/var/named/chroot 中的文件，增强安全性，即使黑客远程连接上了 DNS 服务器，只能修改/var/named/chroot 中的文件，并不会影响系统根/下面其他文件的情况。启动 named 服务之后，数据是自动挂接到/var/named/chroot 中的，所以不要在/var/named/chroot 目录下创建这些文件，否则挂接不过去。

（6）设置防火墙和 SELinux

设置防火墙和 SELinux，参考项目 8。

（7）启动服务

```
[root@localhost ~]# service named start
```

（8）测试服务

配置客户端主机的 DNS 地址为 192.168.1.3，使用 nslookup 命令进行域名解析，如图 10-5 所示。

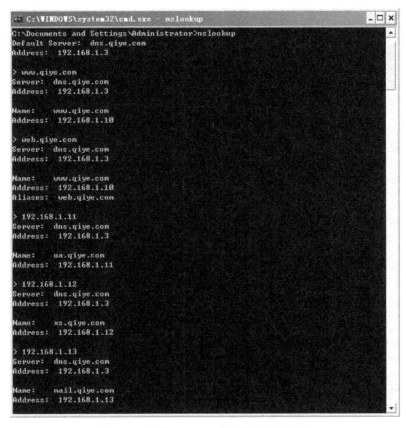

图 10-5　使用 nslookup 命令进行域名解析

注意：如果实现系统启动后 named 服务自动启动，可以使用 ntsysv 命令，命令如下：

```
[root@localhost ~]# ntsysv
```

通过空格键选择"named"，再选择"确定"即可，如图 10-6 所示。或用 chkconfig --level 2345 named on 命令也可以实现。

图 10-6　设置自启动 named

可使用 chkconfig -list|grep named 命令查看 named 自启动运行级别。

项目 11　配置与管理 Apache 服务器

11.1　项目提出

公司的域名为www.qiye.com，根据公司需求，Web 服务器提供多种服务，包括为每位员工开通个人主页服务，并提供基于用户认证的虚拟目录、基于主机访问控制的虚拟目录服务，提供基于 IP 地址的虚拟主机和基于域名的虚拟主机服务。

11.2　项目分析

1．项目实训目的

（1）掌握 Linux 系统中 Apache 服务器的安装与配置。

（2）掌握个人主页、虚拟目录、基于用户和主机的访问控制及虚拟主机的实现方法。

2．项目实现功能

练习 Linux 系统下 Web 服务器的配置方法。

3．项目方案

（1）公司网页文件上传完成后，立即自动发布，URL 为 http://192.168.1.10（或 http://www.qiye.com）。

（2）个人网页文件上传完成后，URL 为 http://192.168.1.10/~用户名（http://www.qiye.com/~用户名）。

（3）在 Web 服务器中建立一个名为 private 的虚拟目录，其对应的物理路径是/data/private。并配置 Web 服务器对该虚拟目录启用用户认证，只允许 caiwu01 用户访问。

（4）在 Web 服务器中建立一个名为 test 的虚拟目录，其对应的物理路径是/data /test，并配置 Web 服务器仅允许来自网络 qiye.com 域和 192.168.1.0/24 网段的客户机访问该虚拟目录。

（5）使用 192.168.1.100 和 192.168.1.101 两个 IP 地址，创建基于 IP 地址的虚拟主机。其中 IP 地址为 192.168.1.100 的虚拟主机对应的主目录为/var/www/ip1，IP 地址为192.168.1.101 的虚拟主机对应的主目录为/var/www/ip2。

（6）创建基于 www.company.com 域名的虚拟主机，域名为 www.company.com 虚拟主机对应的主目录为/var/www/ company。

4．项目主要应用的技术介绍

1）HTTP 协议

WWW 的目的就是将地理位置不同的计算机连接在一起，以便能方便地获取信息、实现资源共享。而信息的共享方式是利用 HTTP 协议，即超文本传输协议来实现的。

HTTP 是应用层协议，主要用于分布式、协作的信息系统。HTTP 协议是通用的、无状态的，其系统的建设和传输的数据无关。HTTP 也是面向对象的协议，可以用于各种任务，包括名字服务、分布式对象管理、请求方法的扩展和命令等。

在 Internet 上，HTTP 通信往往发生在 TCP/IP 连接上，其默认的端口为 80，也可以使用其他的端口。

2）HTTP 协议的工作原理

Web 服务使用 HTTP 协议进行数据通信，该协议是一个在 TCP/IP 协议基础上的应用程序协议。HTTP 协议的工作过程如下。

（1）Web 客户端程序。浏览器使用 HTTP 命令向一个特定的服务器发出 Web 页面请求。

（2）若该服务器在特定的端口（通常是 TCP 80 端口）处接收到该 Web 页面请求，就发送一个应答，并在客户和服务器之间建立连接。

（3）Web 服务器查找客户端所需文档。若 Web 服务器查找到客户端所请求的文档，就会将文档传送给 Web 浏览器。若该文档不存在，则服务器会发送一个相应的错误提示文档给客户端。

（4）Web 浏览器接收到文档后，就将它显示出来。

（5）当客户端浏览完成后，断开与服务器的连接。

3）/etc/httpd/conf 配置文件

Apache 服务器的主配置文件是 httpd.conf，存放于/etc/httpd/conf 目录下。httpd.conf 文件不区分大小写。文件中指令分为类似 shell 的命令和伪 HTML 标记。伪 HTML 标记的语法格式为：

```
<Directory />
Options FollowSymLinks
AllowOverride None
</Directory>
```

httpd.conf 文件由全局环境配置、主服务器配置和虚拟主机配置 3 部分组成。

（1）全局环境配置（Global Environment）。

① ServerRoot "/etc/httpd"。

ServerRoot 用于指定 apache 服务器的配置文件及日志文件存放的根目录，默认为目录"/etc/httpd "。

② PidFile run/httpd.pid。

设置 PidFile 指定存储 httpd 父进程的 PID 的文件，默认值为"/var/run/httpd.pid"。

③ Timeout 60。

指定站点响应的秒数。若超过这段时间仍未收到或送出数据，就断开连接。

④ Keep Alive On/Off。

不允许客户端同时提出多个请求，设置为 on 表示允许。

⑤ MaxKeepAliveRequests 100。

每次连接允许的最大请求数，数字越大效率越高。0 表示不限制，默认值为 100。

⑥ Keep Alive Timeout 15。

连续两个请求之间的时间如果超过 15 秒还未到达，则视为连接中断。

⑦ Listen 12.34.56.78:80。

用于设置 Apache 服务器监听指定 IP 和（或）端口上的连接请求。

⑧ Listen 80。

设置 Apache 服务的监听端口，默认是 80，可以修改。

Apache 默认会根据 Listen 语句的定义监听本机所有可用 IP 地址上的 TCP 80 端口。可以使用多个 Listen 语句，以便在多个地址和端口上监听请求。

如果想要同时监听多个 IP 上的不同端口，操作如下：

Listen 192.168.1.110:80

Listen 192.168.1.210:8080

如果 Apache 监听的 TCP 端口号是 80 以外的其他端口，当用户在请求该服务器时，需要在访问时指定其服务器监听的端口才可以正常访问。例如，要访问 www.qiye.com 该站点的端口号为 8080，在访问时要在地址栏中输入 www.qiye.com:8080。

⑨ User apache

　　Group apache

设置 Apache 工作时使用的用户和组。

（2）主服务器配置（Main server configuration）。

① ServerAdmin root@localhost。

服务器管理员的邮件地址，当服务器运行出错时将向此邮件地址发信。

② ServerName www.example.com:80

设置主机的名称，此名称会被送到远程连接程序，以取代安装 Apache 主机的真实名称。默认值是 localhost，行首加#号，关闭此功能。

在 ServerName 语句中，如果服务器有域名，则填入服务器的域名；如果没有域名，则填入服务器的 IP 地址。

③ DocumentRoot "/var/www/html"。

Apache 服务器主目录的默认路径位于/var/www/html 目录，可以将需要发布的网页放在该目录下。也可以将主目录的路径修改为其他目录，以方便管理和使用。

④ <Directory />

　　Options FollowSymLinks

　　AllowOverride None

　　</Directory>

设置 Apache 根目录的访问权限和访问方式。Options 可以组合设置下列选项：

All：用户可以在此目录中作任何事情；ExecCGI：允许在此目录中执行 CGI 程序；FollowSymLinks：服务器可使用符号链接指向的文件或目录；Indexes：服务器可生成此目录的文件列表；None：不允许访问此目录。

AllowOverride 会根据设定的值决定是否读取目录中的.htaccess 文件，来改变原来所设置的权限。All：读取.htaccess 文件的内容，修改原来的访问权限；None：不读取.htaccess

文件。为避免用户自行建立.htaccess 文件修改访问权限，http.conf 文件中默认设置每个目录为：AllowOverride None。

⑤ <Directory "/var/www/html">

　　　Options Indexes FollowSymLinks

　　　AllowOverride None

　　　Order allow,deny

　　　Allow from all

　　</Directory>

设置 Apache 主服务器网页文件存放目录的访问权限。Allow 用来设定允许访问 Apache 服务器的主机。Allow from all 即允许所有主机的访问，Allow from 202.96.0.97 202.96.0.98 即允许来自指定 IP 地址主机的访问。

Deny 用来设定拒绝访问 Apache 服务器的主机。Deny from all 拒绝来自所有主机的访问，Deny from 202.96.0.99 202.96.0.88 拒绝指定 IP 地址主机的访问。Order 用于指定 allow 和 deny 的先后次序。Order allow,deny：默认禁止所有的客户机访问，且 Allow 语句在 Deny 语句之前被匹配。如果某条件既匹配 allow 语句又匹配 deny 语句，则 deny 语句起作用。Order deny,allow：默认允许所有的客户机访问，且 Deny 语句在 Allow 语句之前被匹配。如果某条件既匹配 allow 语句又匹配 deny 语句，则 allow 语句起作用。

⑥ <IfModule mod_userdir.c>

　　　#UserDir disabled

　　　UserDir public_html

　　</IfModule>

UserDir 用于设定用户个人主页存放的目录，默认为 "public_html" 目录，即 /home/anyuser/public_html。

⑦ DirectoryIndex index.html index.html.var。

设置预设首页，默认是 index.html。设置以后，用户通过 "http://服务器 IP 地址：端口号/" 访问的其实是 "http://服务器 IP 地址：端口号/index.html" 的内容。预设首页由 DirectoryIndex 语句进行定义，可以将 DirectoryIndex 语句中的预设首页名修改为其他文件名。

如果有多个文件名，每个文件名之间须用空格分隔。Apache 会根据文件名的先后顺序查找在 "主目录" 列表中指定的文件名，如能找到第一个则调用第一个，否则再查找并调用第二个，以此类推。

⑧ AccessFileName .htaccess。

AccessFileName 定义每个目录下的访问控制文件的文件名，默认为.htaccess ，可以通过更改这个文件，来改变不同目录的访问控制限制。

⑨ DefaultType text/plain。

如果 Web 服务器不能决定一个文档的默认类型，这通常表示文档使用了非标准的后缀，那么服务器就使用 DefaultType 定义的 MIME 类型将文档发送给客户浏览器。这里设置为 text/plain，这样设置的问题是，如果服务器不能判断出文档的 MIME，那么大部分情况下这个文档为一个二进制文档，但使用 text/plain 格式发送回去，浏览器将在内部打开它而不会提示保存。因此建议将这个设置更改为 application/octet-stream，这样浏览器将提示用户进行保存。

⑩ Alias /icons/ "/var/www/icons/"

```
<Directory "/var/www/icons">
    Options Indexes MultiViews FollowSymLinks
    AllowOverride None
    Order allow,deny
    Allow from all
</Directory>
```

Alias 参数用于将 URL 与服务器文件系统中的真实位置进行直接映射，一般的文档将在 DocumentRoot 中进行查询，然而使用 Alias 定义的路径将直接映射到相应目录下，而不再到 DocumentRoot 下面进行查询。因此 Alias 可以用来映射一些公用文件的路径，例如保存了各种常用图标的 icons 路径。这样使得除了使用符号连接之外，文档根目录（DocumentRoot）外的目录也可以通过使用 Alias 映射，提供给浏览器访问。

定义好映射的路径之后，应该需要使用 Directory 语句设置访问限制。

（3）虚拟主机配置（Virtual Hosts）。

通过配置虚拟主机，可以在单个服务器上运行多个 Web 站点。对于访问量不大的站点来说，这样做可以降低单个站点的运营成本。虚拟主机可以是基于 IP 地址、主机名或端口号的。基于 IP 地址的虚拟主机需要计算机上配有多个 IP 地址，并为每个 Web 站点分配一个唯一的 IP 地址。基于主机名的虚拟主机，要求拥有多个主机名，并且为每个 Web 站点分配一个主机名。基于端口号的虚拟主机，要求不同的 Web 站点通过不同的端口号监听，这些端口号只要系统不用就可以。

下面是虚拟主机部分的默认配置，"*"代表 IP 地址。

```
<VirtualHost *:80>
    ServerAdmin webmaster@dummy-host.example.com
    DocumentRoot /www/docs/dummy-host.example.com
    ServerName dummy-host.example.com
    ErrorLog logs/dummy-host.example.com-error_log
    CustomLog logs/dummy-host.example.com-access_log common
</VirtualHost>
```

4）htpasswd 命令

格式：htpasswd [选项] passwdfile username

功能：为用户生成密码文件。

选项：

-c：创建 passwdfile 文件。如果 passwdfile 已经存在，那么将被清空并改写。

-m：使用 MD5 加密密码，这是默认方法。

-d：使用 crypt( )对密码进行加密。

　　其中，passwdfile 是包含用户名和密码的文本文件的名称。如果使用了-c 选项，若文件已存在则更新它，若不存在则创建它。Username 是在 passwdfile 中添加或更新的记录。若 username 不存在则添加一条记录，若存在则更新其密码。

　　服务器上的资源可以被限制为仅允许由 htpasswd 建立的文件中的用户所访问。htpasswd 使用专为 Apache 作了修改的 MD5 算法或系统函数 crypt( )加密密码。

11.3　项目实施

1．项目拓扑图

Apache 项目拓扑图如图 11-1 所示。

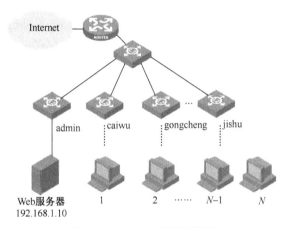

图 11-1　Apache 项目拓扑图

2．项目实训环境准备

（1）较高配置的计算机一台；
（2）虚拟机 VMware 及 RHEL 6.4 虚拟机系统。

3．项目主要实训步骤

Web 服务器的 IP 地址设置为 192.168.1.10，掩码为 255.255.255.0，网关为 192.168.1.254。

1）搭建 Apache 服务器的准备

（1）httpd 服务软件安装。

执行 rpm -qa|grep httpd 命令，如果出现以下信息说明系统已经安装了 Apache。

```
[root@localhost ~]# rpm -qa|grep httpd
httpd-manual-2.2.15-26.el6.noarch
httpd-tools-2.2.15-26.el6.i686
httpd-2.2.15-26.el6.i686
```

　　其中，httpd-manual-2.2.15-26.el6.noarch：Apache 手册文档，包含 HTML 格式的 Apache 计划的 Apache User'Guide 说明指南。

　　httpd-tools-2.2.15-26.el6.i686：Apache 服务的工具集。

httpd-2.2.15-26.el6.i686：Apache 服务的主程序包，服务器端必须安装该软件包。

安装 httpd-2.2.15-26.el6.i686.rpm 软件包的过程如下：

```
[root@localhost ~]# cd /media/RHEL_6.4\ i386\ Disc\ 1/Packages/
[root@localhost Packages]# dir *httpd*
httpd-2.2.15-26.el6.i686.rpm        httpd-manual-2.2.15-26.el6.noarch.rpm
httpd-devel-2.2.15-26.el6.i686.rpm  httpd-tools-2.2.15-26.el6.i686.rpm
[root@localhost Packages]# rpm -ivh httpd-2.2.15-26.el6.i686.rpm
warning: httpd-2.2.15-26.el6.i686.rpm: Header V3 RSA/SHA256 Signature, key ID fd431d51:
NOKEY
Preparing...                ########################################### [100%]
        package httpd-2.2.15-26.el6.i686 is already installed
```

接下来，安装其他软件包。安装完软件包后，查询 httpd 服务的状态，命令如下：

```
[root@localhost Packages]# service httpd status
httpd  已停
```

开启 httpd 服务的命令如下：

```
[root@localhost Packages]# service httpd start
```

正在启动 httpd：httpd: Could not reliably determine the server's fully qualified domain name, using localhost.localdomain for ServerName

[确定]

如果 httpd 服务可以正常开启，说明 httpd 服务安装成功。

（2）设置防火墙和 SELinux。

参考项目 8。

（3）测试 httpd 服务。

通过物理计算机的浏览器访问 Apache 服务器，URL 为 http://192.168.1.10，如图 11-2 所示，显示 Apache 的测试页面，证明环境已经搭建成功。

图 11-2　Apache 服务器测试

接下来添加默认主页。在 Apache 服务器的主目录添加默认主页 index.html，命令如下：

```
[root@localhost Packages]# cd /var/www/html
[root@localhost html]# echo "Welcom to my site! " > index.html
```

通过物理计算机的浏览器访问 Apache 服务器，URL 为 http://192.168.1.10，如图 11-3 所示，显示 index.html 的内容。

图 11-3　访问默认主页 index.html

2）添加个人主页

（1）使用 vi 编辑器编辑/etc/httpd/conf 目录下的 httpd.conf 文件。将 UserDir disabled 前面加上#注释掉，将 UserDir public_html 前的#去掉，如下所示：

```
<IfModule mod_userdir.c>
    #
    # UserDir is disabled by default since it can confirm the presence
    # of a username on the system　（depending on home directory
    # permissions）.
    #
    #UserDir disabled
    #
    # To enable requests to /~user/ to serve the user's public_html
    # directory, remove the "UserDir disabled" line above, and uncomment
    # the following line instead:
    #
    UserDir public_html
</IfModule>
```

（2）在公司职员的个人账户的宿主目录下创建 public_html 目录，并将个人主页 index.html 放在 public_html 目录下，以 gongcheng01 为例命令如下：

```
[root@localhost html]# cd /home/
[root@localhost home]# cd gongcheng01
[root@localhost gongcheng01]# mkdir public_html
[root@localhost gongcheng01]# cd    public_html
[root@localhost public_html]# echo "Hello,Welcom to my website! " > index.html
```

（3）设置 gongcheng01 的宿主目录的访问权限为 705，命令如下：

```
[root@localhost public_html]# cd ..
[root@localhost gongcheng01]# cd ..
[root@localhost home]# ll
```

```
总用量 72
drwx------. 5 caiwu01       caiwu        4096 11 月 19 02:41 caiwu01
drwx------. 4 caiwu02       caiwu        4096 11 月 12 01:26 caiwu02
drwx------. 6 gongcheng01 gongcheng     4096 11 月 19 04:45 gongcheng01
drwx------. 4 gongcheng02 gongcheng     4096 11 月 12 01:27 gongcheng02
drwx------. 4 jishu01       jishu        4096 11 月 12 01:28 jishu01
drwx------. 4 jishu02       jishu        4096 11 月 12 01:28 jishu02
drwx------. 4 lingdao01     lingdao      4096 11 月 12 01:27 lingdao01
drwx------. 4 lingdao02     lingdao      4096 11 月 12 01:27 lingdao02
drwx------. 2 root          root        16384 11 月  3 15:55 lost+found
drwxrwxrwx. 9 root          root         4096 11 月 12 01:52 Samba
drwx------. 4 xiaoshou01    xiaoshou     4096 11 月 12 01:28 xiaoshou01
drwx------. 4 xiaoshou02    xiaoshou     4096 11 月 12 01:28 xiaoshou02
[root@localhost home]# chmod 705 gongcheng01
```

设置完毕后重启 httpd 服务：

```
[root@localhost home]# service httpd restart
```

停止 httpd：   [确定]

正在启动 httpd：httpd: Could not reliably determine the server's fully qualified domain name, using localhost.localdomain for ServerName

[确定]

（4）进行测试。

访问个人主页的 URL 格式为：http://IP地址或域名/~用户名，如图 11-4 所示。

图 11-4　访问个人主页

3）基于用户认证的虚拟目录

在 Web 服务器中建立一个名为 private 的虚拟目录，其对应的物理路径是/data/private。并配置 Web 服务器对该虚拟目录启用用户认证，只允许 caiwu01 用户访问。

（1）建立基于用户认证的虚拟目录，首先要求编辑 httpd.conf 文件，命令如下：

```
[root@localhost ~]# vi /etc/httpd/conf/httpd.conf
```

添加/private 虚拟目录并设置用户访问控制，信息如下：

```
Alias /private "/data/private"
<Directory    "/data/private">
    Options Indexes
    AllowOverride None
    AuthType basic
```

```
//认证时的提示窗口
AuthName "Please input your name and password. "
//身份验证时的账号配置文件
AuthUserFile /var/www/html/htpasswd
//认证级别，表示合法用户
Require Valid-user
</Directory>
```

（2）利用 htpasswd 命令生成用户密码文件，并为 caiwu01 用户设置登录密码。

```
[root@localhost private]# htpasswd -c /var/www/html/htpasswd caiwu01
New password:
Re-type new password:
Adding password for user caiwu01
```

（3）创建对应的物理目录及主页。

```
[root@localhost ~]# mkdir /data/private
[root@localhost ~]# echo "You are welcome.">/data/private/index.html
```

（4）重启服务。

```
[root@localhost ~]# service httpd restart
```

（5）测试。

在客户端的浏览器地址栏输入 URL：http://192.168.1.10/private，弹出如图 11-5 所示对话框，输入 caiwu01 及密码，通过验证后，可浏览主页，如图 11-6 所示。

图 11-5　用户认证

图 11-6　访问个人主页

4）基于主机访问控制的虚拟目录

（1）建立基于主机访问控制的虚拟目录，首先要求编辑 httpd.conf 文件，命令如下：

```
[root@localhost ~]# vi /etc/httpd/conf/httpd.conf
```

添加/test 虚拟目录并设置用户访问控制，信息如下：

```
Alias /test "/data/test"
<Directory "/data/test">
// AllowOverride 所使用的指令组此处不使用认证
    AllowOverride None
    //允许目录浏览
    Options Indexes
    //表示默认情况下禁止所有客户访问，且 Allow 在 Deny 字段之前被匹配
    Order allow,deny
    //允许 192.168.1.0/24 网段和 qiye.com 域的客户访问
    Allow from 192.168.1.0/24
    Allow from qiye.com
</Directory>
```

（2）创建对应的物理目录及主页。

```
[root@localhost data]# mkdir test
[root@localhost data]# ll
总用量 8
drwxr-xr-x. 2 root root 4096 11 月  19 05:37 private
drwxr-xr-x. 2 root root 4096 11 月  25 23:35 test
[root@localhost data]# echo "Welcome to qiye.com">/data/test/index.html
[root@localhost test]# ll
总用量 4
-rw-r--r--. 1 root root 20 11 月  25 23:41 index.html
```

（3）重启服务。

```
[root@localhost test]# service httpd restart
```

（4）测试。

在同处于 192.168.1.0/24 网段内的客户端访问 URL：http://192.168.1.10/test，可浏览主页，如图 11-7 所示。

图 11-7　访问个人主页

5）创建基于 IP 地址的虚拟主机

（1）建立两个 IP 地址。

为网卡 eth0 临时配置两个 IP 地址（一块网卡可以配置多个 IP 地址），命令如下：

```
[root@localhost ~]# ifconfig eth0:0 192.168.1.101
[root@localhost ~]# ifconfig eth0:1 192.168.1.102
```

查看配置的 IP 地址是否生效，命令如下：

```
[root@localhost html]# ifconfig eth0:0
eth0:0      Link encap:Ethernet    HWaddr 00:0C:29:2E:8E:FA
            inet addr:192.168.1.101   Bcast:192.168.1.255   Mask:255.255.255.0
            UP BROADCAST RUNNING MULTICAST   MTU:1500   Metric:1
            Interrupt:19 Base address:0x2000
[root@localhost html]# ifconfig eth0:1
eth0:1      Link encap:Ethernet    HWaddr 00:0C:29:2E:8E:FA
            inet addr:192.168.1.102   Bcast:192.168.1.255   Mask:255.255.255.0
            UP BROADCAST RUNNING MULTICAST   MTU:1500   Metric:1
            Interrupt:19 Base address:0x2000
```

（2）分别创建两个 IP 地址的目录和主页。

```
[root@localhost ~]# mkdir /var/www/ip1
[root@localhost ~]# mkdir /var/www/ip2
[root@localhost ~]# echo "Welcome to IP1'site! ">/var/www/ip1/index.html
[root@localhost ~]# echo "Welcome to IP2'site! ">/var/www/ip2/index.html
```

（3）修改配置文件（/etc/httpd/conf/httpd.conf）。

```
<VirtualHost 192.168.1.101:80>
//管理员邮箱地址
    ServerAdmin webmaster@qiye.com
    //文件目录
    DocumentRoot /var/www/ip1
    ErrorLog logs/ip1-error_log
    CustomLog logs/ip1-access_log common
</VirtualHost>
<VirtualHost 192.168.1.102:80>
    //管理员邮箱地址
    ServerAdmin webmaster1@qiye.com
    //文件目录
    DocumentRoot /var/www/ip2
    ErrorLog logs/ip2-error_log
    CustomLog logs/ip2-access_log common
</VirtualHost>
```

（4）重启服务。

```
[root@localhost ~]# service httpd restart
```

（5）测试。

在客户端访问 URL：http://192.168.1.101、http://192.168.1.102可浏览对应主页，相当于在同一系统中架设两台 Web 服务器，如图 11-8 和图 11-9 所示。

图 11-8　访问虚拟主机 IP1

图 11-9　访问虚拟主机 IP2

6）创建基于域名的虚拟主机

（1）分别创建基于域名的目录和主页。

```
[root@localhost ~]# mkdir /var/www/company
[root@localhost ~]# echo "Welcome to www.qiye.com! ">/var/www/company/index.html
```

（2）配置 DNS。

参考项目 10，配置 DNS，创建 company.com 域，添加记录 www. company.com-192.168.2.10。

（3）配置 IP 地址信息。

```
[root@localhost ~]# ifconfig eth0:2 192.168.2.10
```

（4）修改配置文件（/etc/httpd/conf/httpd.conf）。

```
<VirtualHost 192.168.2.10:80>
    ServerAdmin webmaster1@ company.com
    //文件目录
    DocumentRoot /var/www/ company
    //主机名，通过该主机名访问主页
    ServerName www. company.com
    ErrorLog logs/ company.com-error_log
    CustomLog logs/ company.com-access_log common
</VirtualHost>
```

（5）重启服务。

```
[root@localhost ~]# service httpd restart
```

（6）测试。

在客户端访问 URL：http://www. company.com 浏览主页，如图 11-10 所示。

注意：如果实现系统启动后 httpd 服务的自动启动，可以使用 ntsysv 命令，命令如下：

```
[root@localhost ~]# ntsysv
```

通过空格键选择"httpd",再选择"确定"即可,如图 11-11 所示。或使用"chkconfig --level 2345 httpd on"命令也可以实现。

图 11-10   通过域名访问 Web 主机

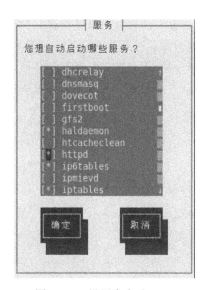

图 11-11   设置自启动 httpd

可使用"chkconfig -list|grep httpd"命令查看 httpd 自启动运行级别。

项目 12　配置与管理 FTP 服务器

12.1　项目提出

项目一：公司技术部准备搭建一台功能简单的 FTP 服务器，允许所有员工上传和下载文件，并允许创建用户自己的目录。

项目二：公司内部现在有一台 FTP 和 Web 服务器，FTP 的功能主要用于维护公司的网站内容，包括上传文件、创建目录、更新网页等。公司现有一个管理员 admin1 负责维护任务。先要求仅允许 admin1 账号登录 FTP 服务器，但不能登录本地系统，并将这个账号的根目录限制为/var/www/html，不能进入该目录以外的任何目录。

12.2　项目分析

1．项目实训目的

（1）掌握 Vsftpd 服务器的配置方法。
（2）熟悉 FTP 客户端工具的使用。
（3）掌握常见的 FTP 服务器的故障排除。

2．项目实现功能

练习 Linux 系统下 Vsftpd 服务器的配置方法及 FTP 客户端工具的使用。

3．项目方案

1）项目一

允许所有员工上传和下载文件需要设置成允许匿名用户登录并且需要将允许匿名用户上传功能开启，最后 anon_mkdir_write_enable 字段可以控制是否允许匿名用户创建目录。

2）项目二

将 FTP 和 Web 服务器做在一起是企业经常采用的方法，这样方便实现对网站的维护，为了增强安全性，首先需要使用仅允许本地用户访问，并禁止匿名用户登录。其次使用 chroot 功能将 admin1 锁定在/var/www/html 目录下。如果需要删除文件，则还需要注意本地权限。

4．项目主要应用的技术介绍

1）FTP 简介

FTP 文件传输协议是一个用于从一台主机到网络中另外一台主机的传送文件的协议。该协议的历史可追溯到 1971 年，不过至今仍然极为流行。FTP 在 RFC959 中有具体说明。在一个典型的 FTP 会话中，用户通过在本地主机，可以把文件传送到一台远程主机（上传）

或者把文件从一台远程主机传送过来（下载）。该用户必须提供一个合法的用户名和口令才能访问远程主机。给出这些身份认证信息后，它就可以在本地文件系统和远程文件系统之间传送文件了。

如图 12-1 所示，FTP 客户机通过一个 FTP 用户接口（一般为 FTP 服务客户端软件）与 FTP 服务器交互。首先需要提供一个远程主机的主机名，这使得本地主机中的 FTP 客户进程建立一个与远程主机中的 FTP 服务器进程之间的连接。用户接着提供用户名和口令，这些信息将作为 FTP 命令参数经由 TCP 连接传送到服务器。服务器批准之后，该用户就在本地文件系统和远程文件系统之间传输文件。

图 12-1　FTP 工作原理

2）FTP 工作原理

FTP 服务采用客户机/服务器模式，FTP 客户机和服务器使用 TCP 建立连接。FTP 服务器使用两个并行的 TCP 连接来传送文件，一个是控制连接，另一个是数据连接。

① 控制连接用于在客户主机和服务器主机之间发送控制信息，例如用户名和口令、改变远程目录的命令、取来或放回文件的命令。

② 数据连接用于真正传输文件。

FTP 客户机和服务器的会话建立过程中，具体经历以下几个阶段：

① 当 FTP 客户机启动与远程 FTP 服务器间的一个 FTP 会话时，FTP 客户机首先发起建立与 FTP 服务器 21 端口之间的控制连接，然后经由该控制连接把用户名和口令发送给服务器。

② 客户机还经由该控制连接把本地临时分配的数据端口告知服务器，以便服务器发起建立一个从 FTP 服务器端口 20 到客户机指定端口之间的数据连接。

需要注意的是，为便于绕过防火墙，较新的 FTP 版本允许客户机告知服务器改由客户机来发起建立到服务器 20 端口的数据连接。用户执行的一些命令也由客户经由控制连接发送给服务器。

③ 当用户每次请求传送文件时（无论上传或下载），FTP 将在服务器的 20 端口打开一个数据连接（其发起端既可能是服务器，也可能是客户机）。当数据传输完毕后，用于建立数据连接的端口会自动关闭，到再有文件传送请求时重新打开。

④ 在 FTP 会话中，控制连接在整个用户会话期间一直处于打开状态，而数据连接则为每次文件传送请求重新打开一次。也就是说，在整个 FTP 会话过程中，控制连接是持久的，而数据连接是非持久的。

　　3）FTP 的数据传输模式

　　FTP 是仅基于 TCP 的服务，不支持 UDP。与众不同的是 FTP 使用 2 个端口，一个数据端口和一个命令端口（也可叫做控制端口）。通常来说这两个端口是 21（命令端口）和 20（数据端口）。但 FTP 工作方式的不同，数据端口并不总是 20。这就是主动与被动 FTP 的最大不同之处。主要有两种工作模式：

　　（1）主动传输模式。

　　主动传输模式即 Port 模式，客户端从一个任意的非特权端口 N（N>1024）连接到 FTP 服务器的命令端口，也就是 21 端口。然后客户端开始监听端口 N+1，并发送 FTP 命令"port N+1"到 FTP 服务器。接着服务器会从它自己的数据端口（20）连接到客户端指定的数据端口（N+1）。

　　针对 FTP 服务器前面的防火墙来说，必须允许以下通信才能支持主动方式 FTP：

　　① 任何大于 1024 的端口到 FTP 服务器的 21 端口（客户端初始化的连接）。

　　② FTP 服务器的 21 端口到大于 1024 的端口（服务器响应客户端的控制端口）。

　　③ FTP 服务器的 20 端口到大于 1024 的端口（服务器端初始化数据连接到客户端的数据端口）。

　　④ 大于 1024 端口到 FTP 服务器的 20 端口（客户端发送 ACK 响应到服务器的数据端口）。

　　（2）被动传输模式。

　　为了解决服务器发起到客户的连接的问题，开发了一种不同的 FTP 连接方式。这就是所谓的被动方式，或者叫做 PASV，当客户端通知服务器它处于被动模式时才启用。

　　在被动方式 FTP 中，命令连接和数据连接都由客户端发起，这样就可以解决从服务器到客户端的数据端口的入方向连接被防火墙过滤掉的问题。

　　当开启一个 FTP 连接时，客户端打开两个任意的非特权本地端口（N>1024 和 N+1）。第一个端口连接服务器的 21 端口，但与主动方式的 FTP 不同，客户端不会提交 PORT 命令并允许服务器来回连它的数据端口，而是提交 PASV 命令。这样做的结果是服务器会开启一个任意的非特权端口（P>1024），并发送 PORT P 命令给客户端。然后客户端发起从本地端口 N+1 到服务器的端口 P 的连接用来传送数据。

　　通过对这两种模式的说明，主动模式的 FTP 是服务器主动连接客户端的数据端口，被动模式的 FTP 是服务器被动地等待客户端连接自己的数据端口。多数据的防火墙都不允许接受外部发起的连接，所以 FTP 的主动模式通过防火墙都会受到限制。FTP 的被动模式通常用于防火墙后的 FTP 客户访问外界 FTP 服务器。因此，如果有防火墙，最好采用被动模式，但是如果对于安全的需求很高，还是建议采用主动模式较好。

　　4）FTP 服务器的访问方法

　　（1）用 FTP 命令来访问。

　　FTP 命令是 FTP 客户端程序，在 Linux 或 Windows 系统的字符界面下可以利用 FTP 命令登录 FTP 服务器，进行文件的上传、下载等操作。FTP 命令的格式如下：

　　ftp 主机名或 IP 地址

　　① FTP> cd：更改远程计算机上的工作目录。

格式：cd remote-directory

说明：remote-directory 指定要更改的远程计算机上的目录。

② FTP> dir：显示远程目录文件和子目录列表。

格式：dir [remote-directory] [local-file]

说明：remote-directory 指定要查看其列表的目录。如果没有指定目录，将使用远程计算机中的当前工作目录。Local-file 指定要存储列表的本地文件。如果没有指定，输出将显示在屏幕上。

③ FTP> get：使用当前文件转换类型将远程文件复制到本地计算机。

格式：get remote-file [local-file]

说明：remote-file 指定要复制的远程文件。Local-file 指定要在本地计算机上使用的名称。如果没有指定，文件将命名为 remote-file。

④ FTP >put：使用当前文件传送类型将本地文件复制到远程计算机上。

格式：put local-file [remote-file]

说明：local-file 指定要复制的本地文件。remote-file 指定要在远程计算机上使用的名称。如果没有指定，文件将命名为 local-file。

⑤ FTP >quit：结束与远程计算机的 FTP 会话并退出 FTP。

（2）以客户端 FTP 软件来访问。

常用的 FTP 软件有 FileZilla、CuteFTP、FlashFTP 等。

（3）使用浏览器访问。

如果匿名登录，就直接在浏览器地址栏输入 ftp:// 主机名或 IP 地址。

5）vsftpd 说明

Linux 下实现 FTP 服务的软件很多，最常见的有 vsftpd,Wu-ftpd 和 Proftp 等。Red Hat Enterprise Linux 中默认安装的是 vsftpd.

访问 FTP 服务器时需要经过验证，只有经过了 FTP 服务器的相关验证，用户才能访问和传输文件，vsftpd 提供了 3 种 ftp 登录形式：

（1）anonymous（匿名账号）。

使用 anonymous 是应用广泛的一种 FTP 服务器。如果用户在 FTP 服务器上没有账号，那么用户可以以 anonymous 为用户名，以自己的电子邮件地址为密码进行登录。当匿名用户登录 FTP 服务器后，其登录目录为匿名 FTP 服务器的根目录/var/ftp。为了减轻 FTP 服务器的负载，一般情况下，应关闭匿名账号的上传功能。

（2）real（真实账号）。

real 也称为本地账号，就是以真实的用户名和密码进行登录，但前提条件是用户在 FTP 服务器上拥有自己的账号。用真实账号登录后，其登录的目录为用户的宿主目录，该目录在系统建立账号时就自动创建。

（3）guest（虚拟账号）。

如果用户在 FTP 服务器上拥有账号，但此账号只能用于文件传输服务，那么该账号就是 guest，guest 是真实账号的一种形式，它们的不同之处在于 geust 登录 FTP 服务器后，不能访问除宿主目录以外的内容。

6）/etc/vsftpd/vsftpd.conf 配置文件说明

（1）anonymous_enable=YES。

anonymous_enable 表示是否允许 anonymous 登录 FTP 服务器，默认是允许的。

（2）no_anon_password=YES。

no_anon_password 表示是否需要匿名访问密码，默认是不需要的。

（3）anon_upload_enable=YES。

anon_upload_enable 表示是否允许匿名用户上传文件，默认是允许的。

（4）anon_mkdir_write_enable=YES。

anon_mkdir_write_enable 表示是否允许匿名账户在 FTP 服务器中创建目录，默认是允许的。

（5）local_enable=YES。

local_enable 表示是否允许本地用户登录 FTP 服务器，默认是允许的。

（6）write_enable=YES。

write_enable 表示是否允许用户在 FTP 服务器文件中执行写的权限，默认是允许的。

（7）local_root=/xxx/xxx。

local_root 表示设置本地用户的根目录为/×××/×××。

（8）local_umask=022。

local_umask 表示设置本地用户的文件生成掩码为 022，默认是 077。

（9）chroot_list_enable=YES。

chroot_list_enable 表示是否希望用户登录后不能切换到自己目录以外的其他目录，如果是，需要设置该项，且只允许/etc/vsftpd/chroot_list 中列出的用户具有该功能。如果希望所有的本地用户都执行 chroot，可以增加一行：chroot_local_user=YES。

12.3　项目实施

1. 项目拓扑图

项目拓扑图如图 12-2 所示。

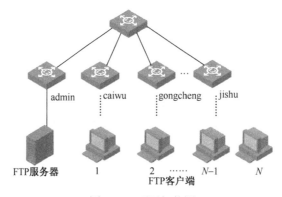

图 12-2　项目拓扑图

2．项目实训环境准备

（1）较高配置的计算机一台；

（2）虚拟机 VMware 及 RHEL 6.4 虚拟机系统。

3．项目主要实训步骤

FTP 服务器的 IP 地址设置为 192.168.1.3，掩码为 255.255.255.0，网关为 192.168.1.254。

1）配置匿名访问 FTP 服务器

（1）配置 vsftpd.conf 主配置文件（服务器配置支持上传）。

```
//允许匿名用户访问，不需要密码验证
anonymous_enable=YES
no_anon_password=YES
//允许匿名用户上传文件并可以创建目录
anon_upload_enable=YES
anon_mkdir_write_enable=YES
```

（2）上传目录 FTP 用户的写入权限。

先修改目录权限，创建一个公司上传用的目录，命名为 companydata，分配 FTP 用户所有，目录权限是 755。

```
[root@localhost ftp]# mkdir companydata
[root@localhost ftp]# chown ftp.ftp companydata/
[root@localhost ftp]# ll
总用量 8
drwxr-xr-x. 2 ftp   ftp   4096 11 月  27 22:35 companydata
drwxr-xr-x. 2 root root 4096 3 月    2 2012 pub
```

注意：默认匿名用户目录的权限是 755，这个权限是不能改变的。

（3）设置防火墙和 SELinux。

参考项目 8。

（4）启动 FTP 服务。

```
[root@localhost ~]# service vsftpd start
```

（5）FTP 访问测试。

在浏览器地址栏输入ftp://192.168.1.3/companydata，上传文件夹"技术部文件"，并新建文件夹"新文件夹"，如图 12-3 所示。

图 12-3　FTP 匿名访问测试

如果要删除 companydata 下的文件或文件夹，会提示错误，如 12-4 所示，表示是禁止删除的。

图 12-4　禁止删除匿名上传的文件

2）通过 FTP 实现对 Web 的管理

（1）建立维护网站内容的 FTP 账号 admin1，并禁止本地登录，然后设置其密码。

```
[root@localhost ~]# useradd admin1
[root@localhost ~]# passwd admin1
```

更改用户 admin1 的密码。

新的密码：

重新输入新的密码：

passwd：所有的身份验证令牌已经成功更新。

（2）配置 vsftpd.conf 主配置文件并作相应修改。

[root@localhost ~]# vi /etc/vsftpd/vsftpd.conf

anonymous_enable=NO：禁止匿名用户登录。

local_enable=YES：允许本地用户登录。

local_root=/var/www/html：设置本地用户的根目录为/var/www/html 。

chroot_list_enable=YES：激活 chroot 功能。

chroot_list_file=/etc/vsftpd/chroot_list：设置锁定用户在根目录中的列表文件。

保存退出。

（3）建立/etc/vsftpd/chroot_list 文件，添加 admin1 账号。

```
[root@localhost companydata]# vi /etc/vsftpd/chroot_list
```

在文件 chroot_list 中添加账号 admin1，如图 12-5 所示。保存退出。

图 12-5　添加账号到 chroot_list

（4）修改本地权限。

```
[root@localhost ~]# chmod o+w /var/www/html
```

（5）重启 vsftpd 服务使配置生效。

[root@localhost ~]# service vsftpd restart

（6）测试。

在浏览器输入 URL：ftp://192.168.1.3，输入登录 FTP 的用户名 admin1 和密码，登录 FTP 服务器，如图 12-6 所示。登录 FTP 服务器后可以浏览用户的根目录/var/www/html，将 Web 页面 index.html 上传，如图 12-7 所示。

图 12-6　登录 FTP 服务器

图 12-7　上传 index.html 文件

在浏览器输入 URL：http://192.168.1.3，可以访问 Web 站点 index.html 的内容，如图 12-8 所示。

图 12-8　访问 Web 站点

注意：如果实现系统启动后 FTP 服务的自动启动，可以使用"ntsysv"命令，命令如下：

　　　　[root@localhost ~]# ntsysv

通过空格键选择"vsftpd"，再选择"确定"即可，如图 12-9 所示。或使用"chkconfig --level 2345 vsftpd on"命令也可以实现。

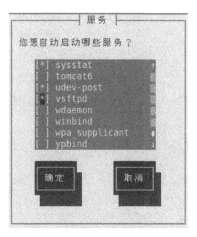

图 12-9　访问 Web 站点

可使用"chkconfig –list|grep vsftpd"命令查看 vsftpd 自启动运行级别。